玉石·翡翠 | 鉴赏与投资基础

卢保奇 编著

化学工业出版社
·北京·

本书从玉石、翡翠收藏者和投资者尤为关注的焦点和热点出发，全面、系统地介绍了目前收藏和投资市场上重要的玉石品种——翡翠与和田玉，三大名玉——岫玉、绿松石和独山玉，我国传统的四大名石——福建寿山石、浙江昌化鸡血石、浙江青田石和内蒙古巴林石，还重点介绍了目前市场上常见的其他10余种著名玉石的品种、历史文化、产地、基本特征以及鉴赏和投资要点等。

本书的主要特点是在全面介绍每种玉石、翡翠的基本特征和仪器鉴定特征的基础上，突出介绍了每种玉石的肉眼识别特征。同时，对每种玉石的优化处理方法、鉴别特征等也进行了详细介绍。另外，结合近年来国际和国内宝玉石拍卖市场的行情和实际案例，对大量相应的宝石、翡翠进行了投资建议、投资趋势和投资前景分析等。

全书文字通俗易懂，图片精美，使读者在很短时间内能掌握更多的关键知识，集科学性、文化艺术性、趣味性和可读性于一体。本书既可供广大玉石、翡翠爱好者、收藏者和投资者以及研究者学习参考，也可以作为珠宝玉石、地质、矿物材料、矿产资源、材料科学等相关专业的教学参考书或教材使用。

图书在版编目（CIP）数据

玉石·翡翠鉴赏与投资基础／卢保奇编著．—北京：化学工业出版社，2018.11（2025.1重印）
ISBN 978-7-122-32792-5

Ⅰ.①玉… Ⅱ.①卢… Ⅲ.①玉石-鉴赏②玉石-投资 Ⅳ.①TS933.21②F724.787

中国版本图书馆CIP数据核字（2018）第179554号

责任编辑：朱　彤	文字编辑：杨欣欣
责任校对：王鹏飞	装帧设计：尹琳琳

出版发行：化学工业出版社（北京市东城区青年湖南街13号　邮政编码100011）
印　　装：中煤（北京）印务有限公司
710mm×1000mm　1/16　印张9¾　字数160千字　2025年1月北京第1版第7次印刷

购书咨询：010-64518888　　　　　　　　　　售后服务：010-64518899
网　　址：http://www.cip.com.cn
凡购买本书，如有缺损质量问题，本社销售中心负责调换。

定　价：58.00元　　　　　　　　　　　　　版权所有　违者必究

前言

在鉴赏和投资市场上，宝石和玉石一直深受收藏者和投资者的青睐。特别是玉石的鉴赏、收藏和投资。在我国，玉石具有深厚的历史和文化。正是这种玉文化的深厚底蕴赋予了玉石收藏、鉴赏和投资价值。

自古以来，玉石及玉器一直是皇亲国戚、达官显贵和文人雅士的专享。而当前，随着经济的腾飞和人民生活水平的提高，消费者对玉石的收藏和投资需求日益高涨，从近年来国内外宝石、玉石的销售、拍卖以及成交状况可见一斑。在这种高涨的投资热情的推动和激励下，越来越多的收藏者和投资者将重点转移到宝石、玉石上。中国珠宝首饰的销售额逐年增长，从20世纪80年代不足2亿元发展到目前超过2000亿元。这一数字也反映出中国珠宝业是一个高速发展、欣欣向荣、前景无限的行业，而且具有广阔的未来发展空间。

同时，在目前倡导文化自信的氛围中，玉文化无疑是文化自信的最重要体现之一。这种玉文化的自信必将体现在对玉石鉴赏收藏和投资的热潮中。

而目前的实际状况是，许多消费者和投资者，面对市场上琳琅满目的玉石品种，怀揣资金、跃跃欲试，但又碍于缺乏玉石鉴定和投资方面的基础知识储备，总担心上当受骗，无所适从。对于这些具有强烈购买、收藏和投资愿望的消费者而言，无论是其打算涉足玉石领域还是已经初涉该领域，普遍面临着一种困惑，即哪些玉石品种具有投资和收藏价值？具有投资价值的玉石目前的市场现状如何？如何去鉴赏和收藏这些玉石品种？重要玉石品种的优化和处理方法有哪些？如何区分和鉴别优化处理的玉石？

针对上述的普遍性、实际性问题，本书从目前玉石市场的角度出发，重点介绍了目前市场上最具收藏和投资价值的两大玉石品种——翡翠与和田玉，以及三大名玉、四大名石，同时介绍了欧泊、玛瑙、东陵石、密玉、虎睛石和鹰睛石、青金石、孔雀石、菱锰矿、蔷薇辉石玉和苏纪石等10余种著名玉石品种。

本书最大的特点是在全面介绍每种宝石的基本共性特征和仪器鉴定特征的基础上，重点突出每种宝石的肉眼识别特征。因为在市场的实际情况下，收藏者和投资者除了掌握仪器鉴定特征外，更重要的是要掌握借助10倍放大镜肉眼识别每种玉石的能力，这是非常实用的，也是至关重要的。因此，本书"对症下药"，对于每种玉石，均给出了其最主要的肉眼识别特征以及鉴别的要点。

  同时，本书对每种玉石的优化处理方法、鉴别特征等也进行了较为详细的介绍，并附有相应图片，使得读者能够对照图片，对玉石是否经过优化处理等做出正确判断。这些都是本书不同于同类书籍的亮点，最终目的是使读者读有所获，这也是作者最大的愿望。

  诚然，需要指出的是，对于特征明显的玉石品种，肉眼可以较容易地识别，但对于特征不明显的玉石品种或相似玉石品种，仅靠肉眼很难识别。对于这类玉石品种，作者在书中也进行了明确阐述。在投资和收藏时，必要时要通过仪器进行准确鉴定，以防失误。

  本书的另一大特点是，在介绍玉石的基本特征和鉴定特征的基础上，对每种玉石的鉴赏和投资进行了详细介绍。在玉石的鉴赏方面，突出介绍了每种玉石鉴赏的最主要方面和特征。在投资上，对每种玉石的投资要素和投资应重点关注的因素均做了详细分析和归纳总结，并结合近年来国际和国内宝玉石拍卖市场的行情和实际案例，对相应的玉石品种进行了投资建议、投资趋势和投资前景的分析。

  以上是本书对于玉石投资和收藏者的作用。

  值得一提的是，对于普通的玉石爱好者而言，投资和收藏并非他们的目标。对于这类消费者而言，通过学习和阅读，最终购买和拥有一颗令自己心悦的玉石饰品，这本身就是一件很惬意的事情。而这一"藏品"不一定是很昂贵和稀少的，只要自己喜欢，拥有它，然后慢慢品味，赋予它内涵和情感，就能体会到精神上的愉悦和收获。因此，希望本书能够为普通玉石爱好者提供一本直观、生动的阅读资料，使得读者能够了解玉石，走近玉石，与玉石结缘。

  本书在编写过程中得到了同济大学亓利剑教授、上海大学翁臻培教授、上海理工大学鲁志昆副教授的指导和帮助，他们对书稿提出了许多宝贵意见和建议。顾文、孙美兰、郭昀、张桂莲、顾自强、卢新奇、谭卫平、王丽琳、卢飞辰、顾猛、张春莉等为本书文献资料的收集和整理、稿件输入、部分玉石的市场行情信息了解、图片的拍摄和剪辑、初稿的打印装订和整理等前期各项纷繁琐碎的工作倾注了大量精力，并对稿件的部分内容提出了中肯的完善意见。在此，对他们的辛勤付出，编者深表谢忱。

  最后对本书所有参考文献的作者表示由衷的感谢和深深的敬意！

  由于作者水平和经验有限，书中难免存在不足之处，恳请广大读者予以批评指正。

编著者

2018 年 6 月

目 录

第一章 玉石的概念及其分类
第一节 玉石的概念 /2
第二节 玉石的分类 /2

第二章 玉石的成因及其资源分布
第一节 玉石的成因类型 /5
　一、岩浆岩 /5
　二、沉积岩 /6
　三、变质岩 /6
第二节 岩浆岩中的主要玉石 /6
第三节 沉积岩中的主要玉石 /7
　一、欧泊 /7
　二、绿松石 /8
　三、菱锰矿 /8
第四节 变质岩中的主要玉石 /9
　一、翡翠 /9
　二、软玉 /10
　三、岫玉 /10
　四、独山玉 /10
　五、孔雀石 /11
　六、虎睛石和鹰睛石 /11
　七、鸡血石 /12
　八、寿山石 /12
　九、青田石 /13
第五节 我国珠宝玉石矿床的资源分布 /13

第三章　玉石佩戴的文化寓意

第一节　玉石与诞生石 /17

第二节　玉石与星座石 /18

第四章　玉石的特殊光学效应及光泽

第一节　猫眼效应 /20

第二节　变彩效应 /21

第三节　砂金效应 /21

第四节　玉石的光泽 /22

　　一、玻璃光泽 /22

　　二、丝绢光泽 /23

　　三、油脂光泽 /23

　　四、蜡状光泽 /24

第五章　玉中之王——翡翠的鉴赏与投资

第一节　翡翠的历史与收藏价值 /26

第二节　翡翠的形成与产地 /28

　　一、翡翠的形成 /28

　　二、翡翠的主要产地 /28

第三节　翡翠的基本性质 /28

第四节　翡翠的矿物组成 /29

　　一、变质（变晶）矿物 /30

　　二、原生矿物 /31

　　三、其他矿物 /31

第五节　翡翠的结构 /32

第六节　翡翠的颜色与品种 /33

　　一、翡翠的颜色 /33

二、带绿色翡翠的品种 /36

第七节　翡翠的鉴定特征 /38
　　一、仪器鉴定特征 /38
　　二、肉眼识别特征 /39

第八节　翡翠的基本品质评价 /40
　　一、颜色 /40
　　二、质地 /40
　　三、形状 /42
　　四、瑕疵 /42
　　五、其他因素 /42

第九节　翡翠的优化处理及其鉴定 /43
　　一、热处理 /43
　　二、漂白充填处理 /43
　　三、染色处理 /44
　　四、覆膜处理 /45

第十节　与翡翠相关的玉石名称 /45
　　一、八三玉 /45
　　二、水沫子 /45

第十一节　翡翠的鉴赏与投资 /46
　　一、我国的四大国宝级翡翠玉雕 /46
　　二、翡翠的鉴赏与投资要点 /48

第六章　和田玉（软玉）的鉴赏与投资

第一节　和田玉与软玉 /51
　　一、和田玉简介 /51
　　二、软玉与和田玉的关系 /51

第二节　软玉的基本性质 /52

第三节　软玉的鉴定特征 /52
　　一、仪器鉴定特征 /52
　　二、肉眼识别特征 /53

第四节　软玉的分类 /53
　　一、依据颜色分类 /53
　　二、依据产出状态分类 /55

第五节　和田玉的形成与分布 /55
　　一、形成 /55
　　二、分布 /55

第六节　软玉的基本品质评价 /56
　　一、颜色 /56
　　二、光泽 /57
　　三、块度 /57
　　四、皮色 /57
　　五、特殊光学效应 /57
　　六、其他因素 /57

第七节　四川软玉猫眼的新发现 /58
　　一、软玉猫眼的原石特征 /58
　　二、软玉猫眼的结构特征 /60

第八节　和田玉的鉴赏与投资 /64

第七章　我国三大名玉的鉴赏与投资

第一节　中国国石候选石之一的岫玉 /68
　　一、岫玉的历史与文化简介 /68
　　二、岫玉的基本性质 /69
　　三、岫玉的鉴定特征 /69
　　四、蛇纹石质玉石的形成和产地 /70
　　五、四川蛇纹石猫眼的新发现 /71
　　六、岫玉的基本品质评价 /73
　　七、岫玉的鉴赏与投资 /74

第二节　成功之石——绿松石 /75
　　一、绿松石的历史与文化简介 /75
　　二、绿松石的基本性质 /76

　　　　三、绿松石的分类 /76
　　　　四、绿松石的鉴定特征 /77
　　　　五、绿松石的基本品质评价 /77
　　　　六、绿松石的形成与产地 /78
　　　　七、绿松石的鉴赏与投资 /80
　　第三节　国之瑰宝——独山玉 /81
　　　　一、独山玉的历史和文化简介 /81
　　　　二、独山玉的基本性质 /82
　　　　三、独山玉的分类 /83
　　　　四、独山玉的鉴定特征 /85
　　　　五、独山玉的基本品质评价 /85
　　　　六、独山玉的鉴赏与投资 /86

第八章　我国四大名石的鉴赏与投资

　　第一节　福建寿山石 /89
　　　　一、寿山石的历史与文化简介 /89
　　　　二、寿山石的基本性质 /90
　　　　三、寿山石的分类 /90
　　　　四、寿山石的鉴定特征 /91
　　　　五、寿山石的基本品质评价 /92
　　　　六、寿山石的鉴赏与投资 /92
　　第二节　浙江昌化鸡血石 /92
　　　　一、鸡血石的历史与文化简介 /92
　　　　二、鸡血石的基本性质 /93
　　　　三、鸡血石的分类 /93
　　　　四、鸡血石的鉴定特征 /94
　　　　五、鸡血石的形成与产地 /95
　　　　六、鸡血石的基本品质评价 /95
　　　　七、鸡血石的鉴赏与投资 /95
　　第三节　浙江青田石 /96
　　　　一、青田石的历史与文化简介 /96

二、青田石的基本性质 /98

三、青田石的分类 /98

四、青田石的鉴定特征 /100

五、青田石的成因 /100

六、青田石的基本品质评价 /100

七、青田石的鉴赏与投资 /100

第四节　内蒙古巴林石 /101

一、巴林石的历史与文化简介 /101

二、巴林石的基本性质 /102

三、巴林石的分类 /103

四、巴林石的成因 /104

五、巴林石的鉴定特征 /104

六、巴林石的基本品质评价 /105

七、巴林石的鉴赏与投资 /105

第九章　著名玉石的鉴赏与投资

第一节　澳大利亚国石——欧泊 /108

一、欧泊的历史与文化简介 /108

二、欧泊的基本性质 /108

三、欧泊的分类 /109

四、欧泊的鉴定特征 /110

五、欧泊的基本品质评价 /110

六、欧泊的形成与产地 /111

七、欧泊的鉴赏与投资 /111

第二节　佛教七宝之一——玛瑙 /112

一、玛瑙的历史与文化简介 /112

二、玛瑙的基本性质 /113

三、玛瑙的分类 /113

四、玛瑙的鉴定特征 /115

五、玛瑙的形成与产地 /115

六、玛瑙的基本品质评价 /116

　　　　七、玛瑙的鉴赏与投资 /116

　第三节　印度翡翠——东陵石 /118

　　　　一、东陵石简介 /118

　　　　二、东陵石的基本性质 /118

　　　　三、东陵石的分类 /119

　　　　四、东陵石的鉴定特征 /119

　　　　五、东陵石的形成与产地 /120

　　　　六、东陵石的基本品质评价 /120

　　　　七、东陵石的鉴赏与投资 /120

　第四节　河南翠——密玉 /120

　　　　一、密玉的历史与文化简介 /120

　　　　二、密玉的基本性质 /121

　　　　三、密玉的鉴定特征 /122

　　　　四、密玉的分类 /122

　　　　五、密玉的基本品质评价 /122

　　　　六、密玉的鉴赏与投资 /123

　第五节　极富灵气的虎睛石和鹰睛石 /123

　　　　一、虎睛石和鹰睛石的概念 /123

　　　　二、虎睛石和鹰睛石的基本性质 /124

　　　　三、虎睛石和鹰睛石的鉴定特征 /124

　　　　四、虎睛石和鹰睛石的形成与产地 /124

　　　　五、虎睛石和鹰睛石的基本品质评价 /125

　　　　六、虎睛石和鹰睛石的鉴赏与投资 /126

　第六节　色相如天的青金石 /126

　　　　一、青金石的历史与文化简介 /126

　　　　二、青金石的基本性质 /127

　　　　三、青金石的分类 /128

　　　　四、青金石的形成与产地 /129

　　　　五、青金石的鉴定特征 /129

　　　　六、青金石的基本品质评价 /130

　　　　七、青金石的鉴赏与投资 /130

第七节　典雅高贵的孔雀石 /131
　　一、孔雀石的历史与文化简介 /131
　　二、孔雀石的基本性质 /132
　　三、孔雀石的鉴定特征 /132
　　四、孔雀石的形成与产地 /133
　　五、孔雀石的基本品质评价 /134
　　六、孔雀石的鉴赏与投资 /134

第八节　桃花玉——蔷薇辉石玉 /135
　　一、蔷薇辉石玉简介 /135
　　二、蔷薇辉石玉的基本性质 /135
　　三、蔷薇辉石玉的鉴定特征 /136
　　四、蔷薇辉石玉的形成与产地 /136
　　五、蔷薇辉石玉的基本品质评价 /136
　　六、蔷薇辉石玉的鉴赏与投资 /137

第九节　印加玫瑰——菱锰矿 /138
　　一、菱锰矿简介 /138
　　二、菱锰矿的基本性质 /138
　　三、菱锰矿的鉴定特征 /138
　　四、菱锰矿的形成与产地 /139
　　五、菱锰矿的基本品质评价 /139
　　六、菱锰矿的鉴赏与投资 /140

第十节　南非国宝石——苏纪石 /140
　　一、苏纪石简介 /140
　　二、苏纪石的基本性质 /141
　　三、苏纪石的鉴定特征 /141
　　四、苏纪石的基本品质评价 /142
　　五、苏纪石的鉴赏与投资 /142

参考文献

第一章

玉石的概念及其分类

第一节　玉石的概念

国家标准GB/T 16552—2017《珠宝玉石　名称》中规定天然玉石是指：由自然界产出，具有美观、耐久、稀少性和工艺价值，可加工成饰品的矿物集合体，少数为非晶质体。例如翡翠、软玉、欧泊等。本书中所称"玉石"均指天然玉石。"珠宝玉石"是对宝石和玉石的统称。

第二节　玉石的分类

根据矿物成分和岩石学特征可将玉石分为以下几种类型：

1.硬玉质玉

硬玉质玉的主要矿物组成为硬玉。硬玉质玉石以翡翠为代表。

2.透闪石质玉

透闪石质玉的主要矿物组成为透闪石，其中可含少量的阳起石。主要包括软玉等。透闪石质玉以新疆和田玉最为著名。新疆和田玉是我国最为名贵的玉石之一。

3.蛇纹石质玉

蛇纹石质玉的主要矿物组成为蛇纹石。蛇纹石质玉以辽宁岫岩县所产的岫玉最为著名。国外主要品种包括鲍纹玉、威廉玉、朝鲜玉等。

4.斜长石质玉

斜长石质玉的主要矿物成分是斜长石和黝帘石，主要以河南南阳的独山玉为代表。

5.绿松石质玉

绿松石质玉的主要矿物成分是绿松石。我国主要以湖北的绿松石为代表。国外产地包括伊朗、美国、墨西哥和埃及等。

6.蛋白石质玉

蛋白石质玉的主要矿物成分是蛋白石，主要包括欧泊等。世界上欧泊最主要的产地包括澳大利亚、墨西哥和秘鲁等。

7.石英质玉

石英质玉按照石英的颗粒大小分为两大类：隐晶质和晶质。隐晶质石英质玉主要包括玛瑙和玉髓等。其产地以我国的黑龙江、辽宁、广西和江苏为主。晶质石英质玉主要包括东陵石、密玉、芙蓉石和京白玉等，其产地分别以印度和我国的河南新密、新疆阿勒泰、北京门头沟等地为代表。

8. 青金石质玉

青金石质玉的主要矿物成分是青金石。世界上最著名的青金石产地是阿富汗。

9. 叶蜡石、地开石质玉

叶蜡石、地开石质玉的主要矿物成分是叶蜡石、地开石。主要包括寿山石、鸡血石、青田石和巴林石等。主要产地包括福建福州、浙江青田、浙江昌化、内蒙古巴林右旗等。

10. 云母质玉

云母质玉的主要矿物成分是锂云母、白云母，主要以丁香紫玉为代表。主要产地包括新疆阿尔泰和陕西商南等。

11. 蔷薇辉石质玉

蔷薇辉石质玉的主要矿物成分是蔷薇辉石。主要包括桃花玉（粉翠）等。国内主要产地包括北京、陕西、青海等。国外主要产地包括澳大利亚、俄罗斯和印度等。

12. 绿泥石质玉

绿泥石质玉的主要矿物成分是绿泥石，主要包括西藏仁布玉和青海祁连县产出的祁连玉等。

13. 大理岩质玉

大理岩质玉主要矿物成分方解石、白云石和石英。主要产地有湖南、广西、贵州、新疆及四川等。

第二章

玉石的成因及其资源分布

第一节　玉石的成因类型

自然界形成玉石的地质作用主要包括：岩浆作用、沉积作用和变质作用。由这三种主要的地质作用而形成了岩浆岩、沉积岩和变质岩，进而形成不同的玉石品种。

一、岩浆岩

（一）岩浆岩的概念

岩浆岩也称火成岩，是指岩浆喷出地表后，其中的挥发分分解，原来的炽热熔融体冷却凝固而形成的岩石。它与火山活动直接相关。

（二）岩浆岩的分类

1. 按照产状分类

岩浆岩按照产状分类，一般分为侵入岩、喷出岩和脉岩三大类。

（1）侵入岩　侵入岩是地壳深处的熔融岩浆，在造山作用下贯入同期形成的构造裂隙内，在地壳深处结晶和冷凝而形成的岩石。

（2）喷出岩　喷出岩是指由火山喷发的岩浆喷出地表，在地表迅速冷却凝固后形成的岩石。

（3）脉岩　脉岩类岩石是指充填于构造裂隙中，呈脉状产出的火成岩类，主要包括细晶岩、伟晶岩、煌斑岩。

2. 按矿物成分分类

岩浆岩按照矿物成分分类，一般分为以下三种类型：

（1）长英质岩石　其主要组成矿物为石英、斜长石、碱性长石、白云母等。

（2）镁铁质岩石　其主要组成矿物为黑云母、角闪石、辉石、橄榄石等。

（3）超镁铁质岩石　其主要组成矿物为镁铁质矿物，含量超过90%，如纯橄榄岩。

3. 按化学成分分类

岩浆岩按照其所含SiO_2的质量分数，分为四种类型，见表2.1。

表2.1　岩浆岩按照其所含SiO_2的质量分数分类

SiO_2质量分数/%	分类	主要岩性
>65	酸性岩	流纹岩-花岗岩类
52~65	中性岩	安山岩-闪长岩类

续表

SiO₂质量分数/%	分类	主要岩性
45~52	基性岩	玄武岩-辉长岩类
<45	超基性岩	苦橄岩-橄榄岩类

二、沉积岩

沉积岩是指组成地表的岩石和一些火山喷发物，经水流或冰川的搬运、沉积、成岩作用而形成的岩石。沉积岩含量占地表岩石组成的70%。

沉积岩主要包括石灰岩、砂岩、页岩等。沉积岩中所含有的矿产，占全部世界矿产储量的80%。

三、变质岩

变质岩是指由于变质作用所形成的岩石。变质作用的动力主要来自于火山喷发、地震、板块碰撞等所产生的高温和高压。固态的岩石在高温和高压的作用下，发生物质成分的迁移、交换和重结晶，形成新的矿物组合，从而形成变质岩。

变质岩主要包括片岩、片麻岩、大理岩、角闪岩等。

第二节　岩浆岩中的主要玉石

自然界中，岩浆岩中产出的玉石品种较少，最主要的玉石品种包括玛瑙和玉髓。

在火山喷发后期，富含SiO_2的胶体状热液喷出地表后，沉积在岩浆岩的杏仁状空洞或裂隙中，逐渐形成具纹带结构的玛瑙和不具纹带结构的玉髓。

玛瑙和玉髓均属于中低档的玉石品种。两者的主要矿物组成是隐晶质的二氧化硅。所谓隐晶质是指组成玛瑙的二氧化硅颗粒太细小，肉眼无法分辨其晶形，只有在显微镜下才能够分辨出颗粒的大小和形态。正因为颗粒细小，玛瑙和玉髓通常质地很细腻，呈半透明状。

玛瑙通常具有同心层状的纹带结构（图2.1），一般层状的纹理越清晰、结构越完整、块体越大，其鉴赏和收藏价值就越高。玉髓质地细腻，不具纹带结构（图2.2），这是玉髓与玛瑙的最大区别。

图 2.1 玛瑙的同心层状的纹带结构

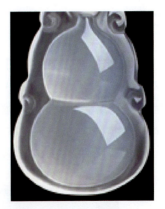
图 2.2 无色玉髓

第三节 沉积岩中的主要玉石

沉积岩中的主要玉石包括欧泊、绿松石、菱锰矿等。

一、欧泊

欧泊是具有变彩效应的蛋白石。澳大利亚是世界上优质黑欧泊的最主要产地。澳大利亚的黑欧泊主要产于沉积岩的风化壳中,赋存于石灰岩和黏土岩中。

现藏于美国华盛顿自然历史博物馆的"Roebling Black"黑欧泊,重达2665克拉,于1919年在美国内华达州发现,属于黑欧泊中的珍品(图2.3)。具有猫眼效应的欧泊猫眼最具观赏和收藏价值(图2.4)。

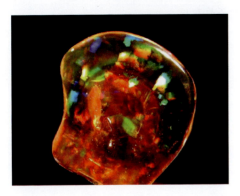
图 2.3 黑欧泊

图 2.4 欧泊猫眼

二、绿松石

绿松石矿床主要形成于地表水的风化淋滤和再沉积（沉淀）作用。围岩主要是富含SiO_2的酸性喷出岩、含磷灰石的花岗岩或沉积岩等。

世界上绿松石的产地较多，其中以伊朗所产的波斯绿松石为最好。我国的绿松石主产地为湖北、陕西和青海等地，其中以湖北产出的绿松石最为著名。

造型奇特、质量上乘、块体较大的绿松石原石具有很高的观赏性（图2.5），深受收藏者和投资者的青睐。

图2.5 绿松石原石

三、菱锰矿

菱锰矿的成因既有热液沉积成因，也有变质成因。但以外生沉积成因为主。菱锰矿也称红纹石。我国菱锰矿的主要产地有湖南、辽宁和江西赣南等地。世界较为著名的菱锰矿产地有南非、阿根廷、美国和秘鲁等国家。

菱锰矿的单晶体呈菱面体（图2.6），晶形完整粗大，颜色鲜红，具有很高的鉴赏与收藏价值。集合体的菱锰矿呈现粉红色，夹杂有白色，两者常构成美丽的图案或花纹（图2.7）。

图 2.6 菱锰矿菱面体晶形

图 2.7 菱锰矿横切面的纹理

第四节 变质岩中的主要玉石

变质岩中产出的玉石品种较多，主要包括翡翠、软玉、岫玉、独山玉、孔雀石、虎睛石和鹰睛石、鸡血石、寿山石和青田石等。

大多数的玉石成因均与变质作用密切相关。

一、翡翠

翡翠的原生矿床主要是变质岩中的片岩和蛇纹石化的超基性岩，以缅甸翡翠为代表。因此，翡翠又称缅甸玉。

我国台北"故宫博物院"珍藏的清代皇家藏品"翠玉白菜"（图2.8），即为翡翠的玉雕珍品之一。

图 2.8 "翠玉白菜"

二、软玉

世界上大多数的软玉产于蛇纹石化的超基性橄榄岩中,而新疆和田玉产于中酸性的花岗岩与富镁的大理岩接触带中。因此,软玉均属于变质成因。

新疆和田玉自古以来就是收藏家竞相追逐的玉石品种之一。以新疆和田玉为代表的软玉以其温润、细腻的玉质在收藏界独树一帜(图2.9)。

图2.9 温润细腻的和田玉

三、岫玉

岫玉产于蛇纹石化大理岩中,由富镁的碳酸盐经变质作用而形成。岫玉属于蛇纹石质玉石,是蛇纹石质玉石的代表。岫玉因产于我国辽宁岫岩县而得名。

岫玉质地细腻,颜色均匀。其中最常见、质量最好的是绿色岫玉(图2.10)。

四、独山玉

独山玉的矿物名称为黝帘石化斜长石。其成因类型属于变质成因。

图2.10 质地细腻的岫玉

独山玉因产于我国河南省南阳的独山而得名。独山玉有各种颜色，其中以翠绿独山玉为最好，常雕刻为玉雕摆件（图2.11）。

图 2.11　翠绿独山玉雕品

五、孔雀石

孔雀石是含铜硫化物矿床氧化带内次生风化淋滤作用的产物，常常与蓝铜矿伴生。成因属于变质成因。

孔雀石主要产于我国的广东阳春和湖北大冶等地。孔雀石的原石常呈集合体，具丝绢光泽（图2.12），而抛光后的孔雀石则具有同心层状结构（图2.13）。

图 2.12　孔雀石原石

图 2.13　孔雀石的同心层状结构

六、虎睛石和鹰睛石

虎睛石和鹰睛石的形成是由于富含 SiO_2 的酸性热液交代蓝色或棕黄色纤维状石棉所致。也即硅化的石棉。因此，虎睛石和鹰睛石的形成属于变质成因。

虎睛石和鹰睛石因其形状、颜色和光泽相似于老虎和苍鹰的眼睛（图2.14和图2.15），故而得名。

图 2.14　虎睛石

图 2.15　鹰睛石

七、鸡血石

鸡血石的形成主要是富含辰砂的酸性火山岩发生地开石、高岭石化所导致。因此,鸡血石的成因属于变质成因。

鸡血石是我国名贵的印章石之一,具有悠久的历史和深厚的文化底蕴。

鸡血石在我国主要有两个产地:一是浙江昌化,产出"昌化鸡血石"(图2.16);另一是内蒙古巴林右旗,产出"巴林鸡血石"(图2.17)。

八、寿山石

寿山石因产于福建福州的寿山而得名。寿山石属火山热液交代(充填)型叶蜡石矿床,形成时代为距今2.05亿~1.35亿年前的侏罗纪。因此,寿山石的成因属于变质成因。

寿山石中的田黄是我国最名贵的印章石之一(图2.18),素有"印石之王"的美誉。优质田黄数量极少,"黄金易得,田黄难求"。古代田黄曾作为贡石敬献朝廷。乾隆皇帝的方章大多是用田黄雕做的。自古以来,田黄就受到收藏家的极力推崇。

图2.16 昌化鸡血石

图2.17 巴林鸡血石

图2.18 田黄

九、青田石

青田石的形成是由于酸性火山岩——流纹岩发生硅化、高岭石化和叶蜡石化的产物，其成因属于变质成因。青田石因产于浙江青田县而得名。

青田石作为我国四大印章石和著名的玉雕石材之一（图2.19），一直深受玉石收藏者的青睐。青田石也曾作为国礼赠送外国元首。

图 2.19　青田石雕

第五节　我国珠宝玉石矿床的资源分布

我国是世界上宝石和玉石的产出大国之一。世界上最著名的宝石——钻石、红宝石、蓝宝石、祖母绿等品种，在我国均有产出。

同时，我国也是重要玉石的主要产出国之一，并素有"玉石之国"之称。特别是产于新疆和田县的和田玉，其品质在软玉中为世界之最。除新疆和田玉外，我国所产出的著名玉石还有绿松石、岫玉、南阳玉（独山玉）、寿山石、鸡血石、青田石、巴林石、玛瑙、玉髓等。

表2.2列出了我国所产出的主要珠宝玉石品种及其成因类型。此表是在姚德贤等（1998）的基础上进行了部分修改，新增了近年来新发现的宝石品种及产地。

表2.2　我国珠宝玉石的主要品种及其成因类型

成因类型	产出地质条件	珠宝玉石品种	资源分布
岩浆岩型	金伯利岩	钻石	辽宁瓦房店、山东蒙阴
	钾镁煌斑岩	钻石	贵州镇远
	玄武岩	蓝宝石	山东昌乐、海南文昌、黑龙江牡丹江
		红宝石	安徽、西藏、云南、新疆、青海

续表

成因类型	产出地质条件	珠宝玉石品种	资源分布
岩浆岩型	玄武岩	白锆石	福建明溪
		红锆石	海南蓬莱
		橄榄石	河北张家口、吉林蛟河、辽宁
		玛瑙、玉髓	黑龙江嫩江流域、辽宁凌源和阜新、四川凉山、云南保山、云南龙陵
伟晶岩型	花岗伟晶岩	海蓝宝石	新疆阿勒泰、云南福贡及元阳、内蒙古
		绿碧玺	内蒙古
		彩色碧玺	新疆阿勒泰
		托帕石	新疆、云南、内蒙古
		紫晶、黄晶	云南、新疆、内蒙古
气成热液型	蛇纹岩	翠榴石	四川、内蒙古、新疆
		紫牙乌	四川、新疆、青海
		烟、茶和墨晶	海南、内蒙古
		水晶、紫晶	江苏东海、山西、云南、贵州、广东、四川
		辰砂	贵州万山及铜仁
		紫色萤石	江西、湖南、广东、福建
		绿色萤石	浙江、广东、福建
		软玉猫眼、蛇纹石猫眼	四川石棉县
		软玉	新疆和田县、青海昆仑山、江苏溧阳
		蛇纹石质玉	辽宁岫岩县（岫玉）、陕西蓝田县（蓝田玉）
变质岩型	区域变质岩	红宝石、蓝宝石	云南、新疆
		紫牙乌（石榴石）	广东、广西
		独山玉（南阳玉）	河南南阳
风化淋滤型	风化壳	绿松石	湖北十堰、安徽马鞍山
		蓝铜矿、孔雀石	广东阳春、湖北大冶
砂矿型	砂砾层	钻石	湖南沅水流域

续表

成因类型	产出地质条件	珠宝玉石品种	资源分布
砂矿型	砂砾层	蓝宝石、红宝石	海南文昌、山东昌乐、福建明溪
		托帕石	广东台山
		紫牙乌（石榴石）	江苏、贵州、甘肃
	近代沉积物	雷公墨（陨石）	广东、广西、海南
生物成因	生物礁	红珊瑚	台湾-赤尾屿一线沿海、西沙、南沙
	贝壳	海水珍珠	广西合浦、广东、福建沿海
		淡水珍珠	江苏、浙江、湖南、江西

第三章

玉石佩戴的文化寓意

第一节 玉石与诞生石

国际宝石界,根据珠宝玉石品种的特点,用不同珠宝玉石品种作为十二个月的诞生石代表,赋予其不同的文化寓意。

在十二个月的诞生石中,最多的品种是宝石。玉石中只有五种:翡翠、欧泊、绿松石、青金石和玛瑙(表3.1)。

翡翠和祖母绿并列为五月的诞生石,象征着幸福、仁慈、善良、友好、幸运和长寿。

绿松石、青金石并列为十二月的诞生石,象征着成功和必胜。

玛瑙和橄榄石并列为八月的诞生石,象征着夫妻幸福和谐。

欧泊具有变幻迷人的色彩,恰似七彩的梦,使人产生无穷的遐想。欧泊和猫眼并列为十月诞生石,象征着美好的希望和幸福即将代替忧伤。在欧洲,欧泊被认为是幸运的代表。古罗马人称它为"丘比特美男孩",是希望和纯洁的象征。

表3.1 诞生石及其文化寓意

月份	诞生石	文化寓意
一月	紫牙乌(石榴石)	忠诚、友爱和贞操
二月	紫晶	心地善良、心平气和,纯洁与真诚
三月	海蓝宝石、红珊瑚	勇气、勇敢和沉着
四月	钻石、锆石	天真和纯洁无瑕
五月	祖母绿、翡翠	幸福、仁慈、善良、友好、幸运和长寿
六月	珍珠、月光石、变石	富裕、健康和长寿
七月	红宝石	爱情、热情和品德高尚
八月	橄榄石、玛瑙	夫妻幸福和谐
九月	蓝宝石	慈爱、诚谨和德高望重
十月	猫眼、欧泊	美好的希望和幸福即将代替忧伤
十一月	托帕石、黄水晶	长久的友情和永恒的爱情
十二月	绿松石、青金石	成功和必胜

第二节　玉石与星座石

星座石起源于西方的各种神话故事中。十二星座分别对应具有代表性的宝石或玉石。星座石中最多的品种是宝石。玉石中只有两种类型：鸡血石和玛瑙（表3.2）。

表3.2　珠宝玉石与星座

星座	出生日期	珠宝玉石
宝瓶座	1月21日—2月18日	石榴石
双鱼座	2月19日—3月20日	紫晶
白羊座	3月21日—4月20日	鸡血石
金牛座	4月21日—5月21日	蓝宝石
双子座	5月22日—6月21日	玛瑙
巨蟹座	6月22日—7月22日	祖母绿
狮子座	7月23日—8月23日	缟玛瑙
室女座	8月24日—9月23日	红玛瑙
天秤座	9月24日—10月23日	贵橄榄石
天蝎座	10月24日—11月22日	绿柱石
人马座	11月23日—12月21日	托帕石
摩羯座	12月22日—1月20日	红宝石

第四章

玉石的特殊光学效应及光泽

玉石的特殊光学效应是玉石艺术性和鉴赏收藏价值的主要体现之一。玉石常见的特殊光学效应包括猫眼效应、变彩效应和砂金效应等。相同品质的玉石品种，如果能够表现出上述的特殊光学效应，那么这种玉石的艺术性、宝石学价值和收藏价值将大幅提高。

第一节　猫眼效应

猫眼效应是珠宝玉石的一种特殊光学效应，指在平行光线照射下，以弧面形切磨的某些珠宝玉石表面呈现的一条明亮光带，随珠宝玉石或光线的转动而移动的现象。该现象类似猫的眼睛，因而称之为猫眼效应。简言之，弧面型珠宝玉石表面呈现一条明亮光带的现象称为猫眼效应。具有猫眼效应的珠宝玉石，其猫眼眼线的方向与纤维状晶体或包裹体的排列方向垂直。

猫眼效应产生的三个条件是：

① 珠宝玉石内部应含有密集的平行排列的一组针状、纤维状、管状等包裹体。

② 珠宝玉石须琢磨成弧形面。

③ 珠宝玉石的切磨底面应平行于包裹体的平面。

能够表现出猫眼效应的珠宝玉石品种较多，其中最有价值的玉石品种之一是软玉猫眼（图4.1）。因为软玉产出的量较少，物以稀为贵，本就价值很高，而软玉猫眼同时又能表现出猫眼效应，因而价值更高。因此，具有猫眼效应的这些珠宝玉石是珠宝市场上投资者和收藏者所青睐的品种。

图 4.1　软玉猫眼

第二节　变彩效应

变彩效应实质上是珠宝玉石产生的一种干涉或衍射效应。由于珠宝玉石的特殊结构对光的干涉、衍射作用而产生了颜色，且随着光源或观察角度的变化而变化，这种光学现象称为变彩效应。

在所有玉石中，欧泊是最典型的具有变彩效应的玉石（图4.2）。当转动欧泊时，欧泊能表现出光彩变换、闪耀迷人的艳丽色彩。

图 4.2　欧泊的变彩效应

第三节　砂金效应

透明至半透明的珠宝玉石中，光泽较强的细小薄片状包裹体对入射光的反射产生闪烁现象，从而使珠宝玉石呈现出耀眼的闪光效应，称之为砂金效应。

最典型的具有砂金效应的玉石主要为东陵石等（图4.3）。东陵石中含有大量铬云母碎片，在光线的照射下，呈现出星星般的闪光，扑朔迷离，使人爱不释手。

图 4.3　东陵石的砂金效应

第四节　玉石的光泽

玉石的光泽是玉石之美的最主要因素之一。一块好的玉石或玉雕作品，首先给人的感觉就是玉石的光泽。

光泽是珠宝玉石材料表面反射光的能力和特征。

矿物光泽按光泽的强弱可分为：金属光泽、半金属光泽、金刚光泽和玻璃光泽。由矿物集合体或表面特征所引起的特殊光泽包括：油脂光泽、蜡状光泽、珍珠光泽、丝绢光泽等。玉石的光泽主要包括上述的玻璃光泽、丝绢光泽、油脂光泽和蜡状光泽等四种类型。

一、玻璃光泽

玻璃光泽是玉石最常见的一种光泽。大多数玉石均表现出玻璃光泽。玻璃光泽，顾名思义，就是玉石能够表现出玻璃般的光泽。在玉石中，除软玉、孔雀石等品种外，绝大多数玉石均表现为玻璃光泽（图4.4和图4.5）。

图 4.4　翡翠的玻璃光泽

图 4.5　蓝玉髓的玻璃光泽

二、丝绢光泽

丝绢光泽是指玉石表面所反射出的类似丝绸般的光泽，故名丝绢光泽。丝绢光泽的产生与组成玉石的矿物集合体的形态特征密切相关。

具有丝绢光泽的玉石主要包括木变石［虎睛石（图4.6）、鹰睛石］和孔雀石等（图4.7）。

图 4.6 虎睛石的丝绢光泽

图 4.7 孔雀石的丝绢光泽

特别值得一提的是，产于我国广东省阳春市的孔雀石，具有典型的丝绢光泽。广东阳春市的孔雀石，常常以矿物集合体的形式产出，形态各异，千姿百态，造型奇特，使人爱不释手，回味无穷。孔雀石是大自然的鬼斧神工所造就的天然宝石，是上等的收藏品之一，具有很高的艺术价值。

三、油脂光泽

油脂光泽是软玉最为典型的光泽，看上去好似软玉的表面涂上了一层油脂。其实质是组成软玉的矿物集合体不平坦的表面所呈现出的类似油脂状的光泽。

和田玉属于软玉，因产于我国新疆的和田县而得名，是目前市场上最为珍贵的玉石品种之一，也是人们收藏和佩戴的珍品。拥有一块心仪的和田玉饰品或挂件是许多爱好者的向往。和田玉之所以受到人们的青睐和偏爱，除了玉文化的影响之外，其给人以温润和细腻的感观也是一个重要因素。

通常所说的和田玉的温润感，其实质就是指和田玉的油脂光泽。和田玉的组成矿物的颗粒极小，使得其表面产生油脂光泽（图4.8），从而表现出温润和细腻感。软玉的组成矿物颗粒越细小，其油脂光泽越强，其温润度和细腻感就越强。

图 4.8　和田玉的油脂光泽

四、蜡状光泽

　　蜡状光泽是指在一些半透明或不透明、硬度低的玉石集合体表面所呈现出的一种类似石蜡状的表面反光。绿松石常呈现出蜡状光泽（图4.9）。

图 4.9　绿松石的蜡状光泽

第五章

玉中之王——翡翠的鉴赏与投资

"翡翠"一词相传源自中国古代的两种鸟名，翡鸟的羽毛为红色，翠鸟的羽毛为绿色。翡翠的主要颜色是绿色和褐红色，极像这两种鸟的羽毛色，因而得名。翡翠是最珍贵的玉石品种之一。

玉石学上所谓的翡翠，是指由硬玉、钠铬辉石和绿辉石等组成的矿物集合体，因其主要产于缅甸，故又称为缅甸玉。

第一节　翡翠的历史与收藏价值

据考证，翡翠从汉代就传入了中国。到了清代，皇室贵族对缅甸翡翠玉的喜爱，使它身价百倍，成为"玉中之王"。

自古以来，云南腾冲和瑞丽就是我国翡翠商贸的重镇。

据史料记载，慈禧陵墓中曾有翡翠西瓜两个，西瓜皮是绿色的"翠"，瓜瓤是红色的"翡"，其中还有几粒黑色的瓜子。翡翠西瓜是巧妙地利用一整块翡翠的天然色彩雕琢而成，当时价值500万两白银。慈禧太后殉葬的珠宝中还有很多翡翠饰品，如翡翠雕成的荷叶、白菜、玉佛等。

对翡翠原石的交易俗称"赌石"。翡翠行业中流传的"一刀富，一刀穷"的说法，就是指翡翠原石交易具有很大的风险性。翡翠原石交易之所以称为"赌石"，就是在交易中能否获利很大程度上取决于购买者的经验、眼力、胆识和运气。云南腾冲是翡翠赌石的主要市场之一。

质量上乘的翡翠一直占据着鉴赏和收藏市场的半壁江山。就目前消费者和鉴赏收藏者的主要购买对象而言，翡翠无疑是首选。翻阅世界著名的珠宝玉石拍卖行的成交历史记录，不难看出，翡翠作为一种高档的玉石品种，一直是收藏、投资和拍卖市场上的宠儿，其成交价格屡屡被刷新。

据世界著名拍卖行的拍卖记录，1981年春季香港佳士得拍卖的一尊玻璃种翡翠观音雕件，价值达300万港元。而一对晚清老坑种翡翠玉镯价值高达1000万港元，真可谓价值连城。1997年香港佳士得秋季拍卖会上，一串由27粒翡翠珠子组成的项链以7262万港元成交。1999年的香港佳士得秋季拍卖会上，一枚蛋圆形翡翠戒指（翡翠重量77.1克拉，约合15克）以1985万港元成交，一只翡翠手镯以

1982万港元成交。在2005年上海的玉石拍卖会上，一重量仅450克的翡翠珍品"如意"摆件，估价高达2800万元人民币。

图5.1是北京故宫博物院所藏的清代乾隆时期的翡翠仿古觚，高19.7厘米，器口直径约10厘米，端庄典雅，玉质细腻，给人古朴浑厚之感。

图5.2　芭芭拉·赫顿的翡翠戒指

图5.1　清代翡翠仿古觚

图5.2是被誉为"珠宝商的皇帝，皇帝的珠宝商"的国际著名珠宝首饰品牌卡地亚（Cartier）在20世纪30年代为美国著名女富豪——伍尔沃斯连锁店继承人芭芭拉·赫顿（Barbara Hutton）制作的稀世珍品翡翠戒指。

图5.3是我国著名珠宝首饰品牌"七彩云南"的价值高达1680万元人民币的极品翡翠手镯。

图5.3　翡翠手镯

这些价值连城的翡翠足以说明人们对翡翠的喜爱程度。目前，在收藏和投资市场上，世界各大珠宝首饰拍卖行的成交案例无不证明翡翠无疑是最受追捧的玉石品种之一。

第二节 翡翠的形成与产地

一、翡翠的形成

翡翠的矿床主要包括原生矿和砂矿两大类。缅甸翡翠的原生矿床主要是变质岩中的片岩和蛇纹石化的超基性岩。翡翠的砂矿又称为次生矿，是指翡翠的原生矿经过长期的风化作用等所形成的翡翠的砾石或卵石。砂矿属于沉积成因。

因此，翡翠既有变质成因，也有沉积成因。

二、翡翠的主要产地

宝石级翡翠的最主要产地是缅甸。翡翠矿主要分布于缅甸北部地区。砂矿中产出的翡翠质量较高。最著名的翡翠砂矿的产地为帕敢、后江和莫敢。

除缅甸外，俄罗斯等国也发现了翡翠矿床的分布。1959年在俄罗斯西萨彦岭发现了宝石级的翡翠矿床。但直到20世纪90年代中后期，该地的翡翠才进入玉石市场。

俄罗斯西萨彦岭翡翠的主要特点：颜色主要呈白色、灰色和绿色。主要组成矿物为较纯净的硬玉。与缅甸翡翠相比，其颜色较差，质地较粗，透明度（水头）较差。

第三节 翡翠的基本性质

翡翠的基本性质包括翡翠的矿物组成、物理和化学性质等。

① 主要矿物（岩石）：翡翠主要由硬玉及钠铬辉石、绿辉石组成，可含少量角闪石、长石、铬铁矿等矿物。

② 常见颜色：白色、各种色调的绿色、黄、红橙、褐、灰、黑、浅紫红、紫、蓝等。

③ 光泽：玻璃光泽至油脂光泽。

④ 解理：组成翡翠的主要矿物硬玉具两组完全解理，集合体可见微小的解理面闪光，称为"翠性"。

⑤ 摩氏硬度：6.5～7。
⑥ 密度：3.34（+0.06，-0.09）克/厘米^3。
⑦ 折射率：1.666～1.680（±0.008），点测法常为1.66。
⑧ 吸收光谱：一般具有437纳米吸收线；铬致色的绿色翡翠具630纳米、660纳米、690纳米吸收线。
⑨ 放大检查：星点、针状、片状闪光（翠性），纤维交织结构至粒状纤维结构，固体包体。

第四节　翡翠的矿物组成

翡翠是由隐晶质的单晶或多晶的矿物集合体组成。翡翠的矿物组成决定了其基本性质，见表5.1（在欧阳秋眉1999年提出的翡翠矿物组成的基础上，对矿物组成的分类略有修改）。翡翠的矿物组成按成因可划分为变质（变晶）矿物、原生矿物和其他矿物。

表5.1　翡翠的矿物组成

矿物类别			矿物名称	成因
变质（变晶）矿物	主要矿物（占50%以上）	辉石类	硬玉，绿辉石，钠铬辉石	变质作用或交代作用
	次要矿物（少于40%）	角闪石族	阳起石，普通角闪石，镁钠闪石等	退变质作用或交代作用
		长石类	钠长石	退变质作用或动力变质作用
		非晶质	有机物或金属矿物	
	副矿物	硅酸盐	锆石，石榴石，帘石，磷灰石等	变质作用
原生矿物			铬铁矿	岩浆作用
其他矿物	硫化物		辉钼矿等	热液作用
	表生矿物		褐铁矿，赤铁矿，高岭土等	表生风化作用

一、变质（变晶）矿物

翡翠矿物组成中的变质矿物，按其含量多少分为主要矿物、次要矿物和副矿物。

（一）主要矿物

翡翠中的主要矿物（指含量在50%以上的矿物）为辉石族矿物。辉石族是具有单链结构的硅酸盐。

它的化学组成可用通式$XY[Si_2O_6]$表示，其中：X可以为Ca^{2+}、Mg^{2+}、Fe^{2+}、Mn^{2+}、Na^+、Li^+等；Y可以为Mg^{2+}、Fe^{2+}、Mn^{2+}、Al^{3+}、Fe^{3+}、Cr^{3+}、V^{3+}等。

翡翠中的辉石族矿物主要包括硬玉、钠铬辉石和绿辉石等。

1. 硬玉

硬玉的化学式为$NaAl[Si_2O_6]$。

硬玉是组成翡翠的主要矿物。其晶形主要有短柱状、长柱状，有时呈纤维状，并构成柱状或纤维状变晶结构。

硬玉的颜色有无色、白色至绿色或紫色。纯的不含杂质的硬玉一般为无色；当含少量的铬（Cr）或铁（Fe）并以类质同象形式替代铝（Al）时，可使硬玉呈现出绿色。

2. 钠铬辉石

钠铬辉石的化学式为$NaCr[Si_2O_6]$。

钠铬辉石的颜色常呈深绿色或孔雀绿色，由于其化学成分中致色元素含量的变化而使颜色深浅不一。钠铬辉石常常出现于深色或鲜绿色的翡翠中。

在缅甸翡翠中，钠铬辉石常常集中出现而使其呈现出悦目的浓绿色；而在俄罗斯西萨彦岭翡翠矿床中，钠铬辉石则呈零星鲜绿色斑点分布于绿色翡翠中。

3. 绿辉石

绿辉石的化学式为$(Na,Ca)(Al, Mg, Fe)[Si_2O_6]$。

深绿色的翡翠中普遍含有绿辉石。绿辉石普遍存在于缅甸、俄罗斯西萨彦岭等产地的翡翠中。在深色的翡翠（即所谓"墨翠"）中，绿辉石占有较大比例。

（二）次要矿物

翡翠中的次要矿物有：角闪石族矿物、长石族矿物和少量非晶质矿物。

1. 角闪石族矿物

翡翠中的角闪石族矿物多数为碱性角闪石。常见的种类主要有阳起石、普通角闪石、镁钠闪石等。

翡翠的"斑状变晶"结构的一种情况，就是指翡翠中的角闪石族矿物交代辉石族矿物的现象。在显微镜下常可见到角闪石族矿物沿着硬玉矿物的边缘解理或裂理，对硬玉进行不同程度的交代，交代程度很强时，使得硬玉成为粒状"斑晶"。翡翠的"斑状变晶"结构也是肉眼识别翡翠的主要依据之一。

在一些"飘蓝花种"的翡翠中，

可见角闪石族矿物呈团块状分布。这是"飘蓝花"的原因。有时角闪石族矿物以浸染状的方式交代硬玉矿物，有的形成黑色的"芝麻点"，对翡翠的质量产生较大的负面影响，即行内所谓的"死黑"。

在翡翠原石的风化表面，由于差异性风化的原因，可以看到粗粒的角闪石晶体略突出于原石的表面，呈棕色或深绿（黑）色，用手触摸有粗糙感，行内称之为"癣"。陈志强（1998）研究认为，含Cr、Fe和Mg的硬玉比纯硬玉更容易被角闪石族矿物交代。角闪石常常选择性交代绿色部位，这就是"黑随绿走"的原因。

2. 长石族矿物

在缅甸和俄罗斯所产的翡翠中，或多或少都可发现长石族矿物，其含量为最多不超过30%。在不同种的翡翠中，其含量有所不同。在"八三花青种"翡翠中，长石含量高，可达30%。

3. 非晶质物

翡翠中常含有一些黑色的非晶质物。这些非晶质物主要为深色金属矿物及有机碳的混合物。呈黑色不规则状、蠕虫状分布于硬玉中，有时断断续续地沿一定方向分布，形成瑕疵。

（三）副矿物

翡翠中的副矿物主要为硅酸盐类矿物，品种包括锆石、石榴子石、帘石和磷灰石等。

二、原生矿物

在翡翠的组成矿物中，还含有少量的原生矿物——铬铁矿（$FeCr_2O_4$）。铬铁矿在深绿色翡翠和含钠铬辉石的翡翠中含量较高。

三、其他矿物

（一）硫化物——辉钼矿

在俄罗斯西萨彦岭的翡翠中，可明显地见到辉钼矿（MoS_2），这是西萨彦岭翡翠的重要特征。

（二）表生矿物

翡翠矿体露头或滚石（包括河卵石），由于遭受风化作用，使得其中的某些组分发生变化而形成次生矿物。所形成的次生矿物，往往存在于翡翠原石表面的孔隙或裂隙中。常见的次生矿物有褐铁矿、赤铁矿和高岭土等。

1. 褐铁矿

褐铁矿（$Fe_2O_3 \cdot nH_2O$）是由铁的氢氧化物（包括针铁矿、水针铁矿、纤铁矿、水纤铁矿等）组成的聚集体，是一种多种矿物的混合物，呈细小粉末状存在于翡翠岩风化外皮的颗粒孔隙中，或经淋滤作用渗入于裂隙中。

褐铁矿呈棕黄色或黄褐色，是黄色翡翠的致色矿物。

2. 赤铁矿

赤铁矿（Fe_2O_3）是褐铁矿经脱水

作用而形成的，呈棕红色或褐红色细粒粉末状，主要见于翡翠风化外皮下部的晶体颗粒的孔隙中，是红色翡翠的致色矿物。

3.高岭土

高岭土$[Al_4Si_4O_{10}(OH)_8]$，呈白色粉末状，是长石经风化作用的产物，常分布在翡翠风化表皮的孔隙中。

第五节　翡翠的结构

翡翠的结构一般是指组成翡翠的微小矿物晶体的结晶程度、颗粒大小、晶体形态以及它们之间的排列组合方式。

翡翠的质地即是对翡翠内部结构的外在反映。

翡翠是一种特殊的变质岩，是在一定温度和较高压力条件下，经过变质结晶作用形成的，其后在变质结晶的基础上又叠加了后期的变质改造。

本书主要介绍翡翠的最主要结构——变晶结构。

变晶结构是指在变质作用过程中由重结晶或变质结晶作用形成的结构。

欧阳秋眉（2000）根据变质的结构特征，将翡翠的变晶结构划分为粒状变晶结构、柱状（纤维状）变晶结构和斑状变晶结构。

1.粒状变晶结构

粒状变晶结构又称花岗变晶结构，是指翡翠中主要由短柱状或近等粒状的硬玉所组成的结构。肉眼可见组成翡翠的晶粒为短柱状，且主要晶粒大小基本相等。例如，许多豆种翡翠就具有这种结构。根据自形程度可分为半自形粒状和他形粒状结构。

翡翠中粒状结构普遍，粗粒至中粒者多不透明，质地粗且疏松。具细粒半自形或他形粒状结构者，质地坚韧、柔和，透光性较好。

2.柱状（纤维状）变晶结构

柱状变晶结构或纤维状变晶结构是指翡翠中主要由柱状、长柱状或纤维状硬玉组成的结构。有时还可见到数量不等的纤维状其他矿物（如透闪石）。柱状、长柱状和纤维状其他矿物常呈定向或半定向排列，有时也呈无定向、束状或放射状分布。

具纤维状变晶结构的翡翠质地相对较好，细腻、滋润，多为玻璃种。

3.斑状变晶结构

具有斑状变晶结构的翡翠的晶粒粒度相差悬殊：粗的晶粒肉眼易见，称为斑晶；而细的晶粒肉眼难以分辨，称为基质。这种斑状结构可以由多种原因形成。例如冰豆种，斑晶为粗粒，种为豆种，而基质细小，肉眼难以分辨，透明。又如油豆种，基质具有细粒纤维状的油青种结构特点，但是较粗粒者则是豆状的斑晶。

斑状变晶结构普遍存在于翡翠中。最常见的是硬玉矿物既作为基质，又作为变斑晶。有时可见透闪石变斑晶分布于硬玉矿物基质中，或硬玉呈变斑晶分布于透闪石基质中。

具有斑状变晶结构的翡翠可能有多种生成条件：

（1）重结晶作用　斑晶矿物与基质同属于一种矿物时，斑晶的形成是在岩石遭受到重结晶作用时，某些晶体处于生长环境较优越的部位（如物质供应充分），晶体生长速度快于基质晶体。

（2）交代作用　某些翡翠的变斑晶系由交代作用而形成。例如，绿辉石沿硬玉颗粒边界对硬玉矿物进行交代，交代到一定阶段，硬玉的残余部分成为一孤岛状斑晶，被周围纤维状绿辉石所包围，这在行内被称为油豆种。也有后期溶液交代早期形成的硬玉，而形成颗粒较大的晶体。例如，一些深绿色的硬玉大晶体，是后期交代早期形成的细粒硬玉形成的，这就成为一种"疵点"存在于翡翠中。

第六节　翡翠的颜色与品种

一、翡翠的颜色

翡翠是颜色最丰富的玉石之一，被誉为玉中之王。在自然界，翡翠的颜色主要包括绿色、黄色、红色、紫色和墨绿色等。

1. 绿色翡翠

绿色翡翠根据绿色的色调等，常可分为黄绿、翠绿、蓝绿和油青四种类型。

其中，油青是指带较深灰褐色调的各种绿色，颜色的明亮度较差。

市场上所谓的"帝王绿"，即是指一种绿色饱满、均匀、色调明亮的鲜绿色翡翠（图5.4）。

图5.4　"帝王绿"翡翠项链（成交价2630万港币，2016年香港佳士得）

值得一提的是，翡翠市场上有一种所谓的"铁龙生翡翠"。这种翡翠的特点是：绿色鲜艳饱满，但色调深浅不一，水头（透明度）很差（图5.5）。"铁龙生"是对缅甸语中此类翡翠名称的音译。缅语"铁龙生"的意思为满绿色。其英文名为：HTELONGSEN。

图 5.6　黄翡

图 5.5　"铁龙生翡翠"

2. 黄色翡翠

黄色翡翠的颜色主要是由地表风化过程中黄褐色的褐铁矿浸入翡翠的颗粒间隙而形成（图5.6）。这种颜色成为翡翠的次生色。

3. 红色翡翠

红色翡翠通常是指颜色为橙色和红色的翡翠（图5.7）。这种颜色也是翡翠的次生颜色。

图 5.7　红翡

4. 紫色翡翠

紫色翡翠也称为紫罗兰翡翠（图5.8）。紫色翡翠的矿物组成较纯，以硬玉为主，有时含少量绿辉石或钠长石。

图 5.8 不同色调的紫色翡翠

依据不同色调,紫色翡翠一般分为蓝紫色、粉紫色、茄紫色、桃红紫等。其中:蓝紫色翡翠的颜色偏蓝;粉紫色翡翠以紫色为主,带有粉红色色调,因此也称为藕粉色翡翠(图5.9);茄紫色翡翠中夹有灰色,颜色较暗,常含有灰黑色点状杂质;桃红紫翡翠极其稀少,颜色似鲜桃。

5.墨翠

墨翠是指墨绿色的翡翠(图5.10)。这种翡翠商业上称为墨翠。由于墨翠的主要矿物为绿辉石,因此,矿物学上又称为绿辉石玉。

图 5.10 墨翠

图 5.9 粉紫色翡翠

值得一提的是,市场上所谓的"福禄寿",即是指红色、绿色和紫色三种颜色同时出现在一块翡翠上。这种"福禄寿"翡翠的价值很高。如果再有黄色存在，则意为"福禄寿禧"，价值更高。

二、带绿色翡翠的品种

玉石市场上通常根据带绿色翡翠的颜色、质地等特征，将其分为10个品种。

1.豆青种

豆青种是指组成翡翠的矿物颗粒呈现短柱状、中粗粒结构，形似豆状，并带有斑点状、不规则状的豆青绿色。豆青种翡翠的特点是呈豆青绿色，常带黄色调，质地较粗，透明度较差（图5.11）。该品种占翡翠中的绝大多数。"十绿九豆"即是说豆青种的普遍性。

图5.12 蓝青种翡翠

3.花青种

花青种是指翡翠的绿色较深，但颜色分布不均匀，呈不规则的脉状、条带状，形似色调单一的拼花（图5.13），故名之。

图5.11 豆青种翡翠

2.蓝青种

蓝青种是指翡翠的绿色中带有黄色和偏蓝色的色调，颜色分布较均匀（图5.12）。蓝青种是翡翠中较常见的品种。

图5.13 花青种翡翠

4.油青种

油青种是指翡翠的绿色中带有灰色、蓝色和黄色的色调，颜色沉闷。但玉石的水头较好，质地较细腻（图5.14）。

油青种也是翡翠中常见的品种之一。

图 5.14 油青种翡翠

图 5.16 干青种翡翠

5. 白底青种

白底青种是指在翡翠白色或灰白色的基底上,分布着团块状的翠绿色至绿色的翡翠(图5.15)。该品种通常质地较为细腻。

7. 芙蓉种

芙蓉种是指翡翠的绿色呈现中至浅绿色,绿色较纯正,有时其底子略带粉红色,质地较细腻,半透明至微透明(图5.17)。

图 5.15 白底青种翡翠

图 5.17 芙蓉种翡翠

6. 干青种

干青种是指翡翠的绿色较明快,呈现翠绿色,但水头很差,呈不透明状,质地较粗(图5.16)。其特点相似于"铁龙生翡翠"。

8. 翠丝种

翠丝种是指翡翠的绿色呈细丝状,平行或近于平行走向分布,且丝带的颜色较深(图5.18)。如果丝状的颜色呈黄色或橙黄色,则称为金丝种。翠丝种的品质高于金丝种。

图 5.18　翠丝种翡翠

9. 飘蓝花种

飘蓝花种是指在翡翠白色或无色的基底上,分布着条带状的蓝灰色、灰绿色的翡翠(图5.19)。该品种通常质地较为细腻,水头较好。

10. 马牙种

马牙种是指在玉石的绿色中带有细长的白丝,质地较细腻,但水头差,呈现"马牙"般的干瓷特征(图5.20),故而得名。马牙种是翡翠中的中低档品种之一。

图 5.19　飘蓝花种翡翠

图 5.20　马牙种翡翠

第七节　翡翠的鉴定特征

翡翠的鉴定特征主要包括仪器鉴定特征和肉眼识别特征。

一、仪器鉴定特征

翡翠的仪器鉴定特征主要包括:密度、折射率和内部结构。

在所有玉石鉴定中,密度和折射率是必不可少的主要鉴定指标,准确测得了未知玉石的这两个指标,再结合其他有鉴定意义的特征,即可确定该玉石的品种。

对玉石进行检测后,所测得的折射率和密度应与翡翠的基本性质中的数据相符合。

翡翠具有典型的"斑状变晶结构"。"斑状变晶"结构是鉴别翡翠的主要依据之一。

二、肉眼识别特征

翡翠的肉眼识别特征主要包括：

1. "翠性"

翡翠的"翠性"也称"苍蝇翅"结构，是指组成翡翠的主要矿物硬玉的解理面对光的反射效应，类似苍蝇翅膀的反光现象（图5.21）。"翠性"是肉眼鉴别翡翠的最有效方法之一。

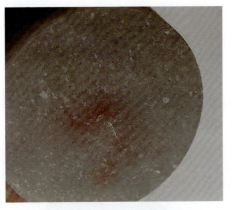

图 5.21 翡翠的"翠性"

值得一提的是，在质地较粗、组成矿物颗粒较大的翡翠中，"翠性"较明显，而其价值较低。

2. 光泽

翡翠的光泽较强，一般为玻璃光泽。

3. 颜色

大多数的翡翠，颜色为带不同色调的绿色。绿色程度越高，质量越好。但也有紫色、红色、黄色和墨绿色翡翠。

在鉴定翡翠的绿色时，天然绿色具有"色根"，即天然绿色是由翡翠内部表现出来的，就好似树的根系，由翡翠的内部向外延伸。而人工染色的绿色翡翠，其绿色则仅仅浮于表面，没有色根，且往往沿着翡翠的微裂隙分布，在裂隙的两侧富集度高，颜色较深。

在肉眼识别翡翠颜色时，特别要注意以下两点：

（1）"黑随绿走"现象 翡翠内部常常会出现角闪石族矿物选择性交代翡翠中的绿色部位，而角闪石族矿物通常表现为黑色，这就是"黑随绿走"。翡翠中出现"黑随绿走"的现象，表明该翡翠为未经处理的天然翡翠。

（2）"死黑"现象 是指在一些翡翠中，可见角闪石族矿物以浸染状的方式交代硬玉矿物，被角闪石矿物交代的部位呈现出黑色的"芝麻点"状，这种现象行内称为"死黑"现象。

"死黑"现象虽能表明翡翠的天然性，但其存在却降低了翡翠的品质。

第八节　翡翠的基本品质评价

翡翠的质量评价要素主要包括颜色、质地、形状和瑕疵等。质量评价的首要因素是颜色和质地。

一、颜色

优质翡翠的颜色为翠绿色。翡翠的翠绿色应具有"浓、阳、正、和"的特点。"浓"指翡翠的绿色饱满、碧绿;"阳"指翡翠的绿色鲜艳明亮、不暗淡;"正"指翡翠呈翠绿色而无杂色,且翠绿色自然柔和;"和"指翡翠的绿色分布均匀而无深浅之分。

根据翡翠颜色的正与偏,大致划分出正绿、偏蓝绿、偏黄绿和灰黑绿等。正绿的翡翠价值最高,若是老坑玻璃地又无瑕疵,质地细腻者,则价格更高。如图5.22所示的一枚满绿的翡翠戒指,翡翠尺寸约为15毫米×17毫米,估价25万~35万元人民币。图5.23所示的一满绿翡翠手镯,成交价高达342万港币。

二、质地

(一)翡翠的"地"

在评价翡翠质地时,除翠绿色部分之外的所有物质构成的总和称为"地",又称为"底"或"种",是翡翠的透明度(水头)、光泽、净度和浅色基调的综合体现。当翡翠为满绿或满色(橙、黄、紫、黑等)时,颜色与底色融为一体,此时"地"(或"底"或"种")即是其所有特质的集合。翡翠的"地"大致分为玻璃地、冰地、糯地、豆地和瓷地等(图5.24～图5.28)。

翡翠的价值依玻璃地、冰地、糯地、豆地和瓷地的次序依次降低。它们之间的价格差异在一个数量级甚至更大。如一个色好的老坑玻璃地翡翠戒面可达数十万元人民币,冰地可达上万元人民币,糯地数千元人民币,而细豆地千元人民币左右。总之,翡翠的地或种越差,价格越低。

图 5.22　满绿翡翠戒指

图 5.23 满绿翡翠手镯

图 5.26 糯地翡翠

图 5.24 玻璃地翡翠

图 5.27 豆地翡翠

图 5.25 冰地翡翠

图 5.28 瓷地翡翠

（二）翡翠的"水头"

透明度在翡翠评鉴中俗称"水头"。翡翠的透明度一般分为透明、半透明、微透明和不透明四种。收藏市场上与其对应的名称依此为玻璃种、冰种、糯种和豆种。

水头是翡翠质地的一个方面。一般而言，翡翠的质地越好，则水头越好。"水头好"是指翡翠的质地致密细嫩、透明度高、光泽晶莹，这是评鉴翡翠档次的重要依据。

三、形状

大多数的翡翠饰品都是"素面"形的，也即椭圆弧面形的。除此之外，还有其他许多形状。

在评价翡翠饰品的形状时，要观察判断该形状的大小是否合适，长、宽、高的比例是否协调，椭圆素面的对称性是否满足要求，也即素面的最高点是否位于弧面的中心，弧面形的底面是否平坦等。

四、瑕疵

翡翠中的瑕疵主要表现为细小的裂纹、杂色斑点等，这些瑕疵均会影响玉石的品质。常见的瑕疵有黑点、白棉、裂绺等。无裂纹和裂隙，无杂质和杂色，纯净，完美程度高的翡翠，其价格就高。

按瑕疵的有无和明显程度分为无瑕、微瑕、小花、中花、大花几个档次。估价时可分别在颜色、透明度等估价的基础上乘上一个瑕疵（或净度）系数。若以无瑕为1、微瑕为0.75、小花为0.50、中花为0.30、大花为0.20，那么，有花的翡翠，价值要比无瑕的翡翠低50%左右。因此，翡翠估价中瑕疵（或净度）是不可忽略的影响因素。

五、其他因素

雕工或磨工：玉雕的工艺水平与饰品的象征意义都对翡翠的价格有重要影响。

重量：相同品质的翡翠饰品，一般而言，其重量越大，其价格也越高。

光泽：除了上述条件外，优质翡翠还要求具有较强的玻璃光泽。

综上所述，翡翠的评鉴是对上述各种要素的综合分析和评价，比较复杂，只有不断在实践中积累经验、不断摸索和不断学习，对影响翡翠质量的因素做出综合评价和分析，方能得出比较客观、公正的结论。

第九节 翡翠的优化处理及其鉴定

翡翠中颜色上乘的绿色翡翠，其价值高，产量稀少。为了满足珠宝市场的需要，对于一些颜色和水头较差的翡翠，通常进行热处理、漂白充填处理、染色处理和覆膜处理等，以改善翡翠的颜色、光泽以及愈合其中裂隙等，提高翡翠的品质。

一、热处理

热处理是通过人工控制温度和氧化还原环境等条件，对样品进行加热处理。其目的是改善或改变宝玉石的颜色、净度和/或特殊光学效应。

对翡翠而言，热处理常用于将浅棕黄色至无色的翡翠，经热处理改善成棕红、棕黄色。对于热处理的翡翠，一般需要专业的检测机构进行检测，方能确定。

但在10倍放大镜下观察，经过热处理的翡翠也常常表现出以下的鉴定特征：可见翡翠表面被局部熔融；内部固体包体周围出现片状、环状应力裂纹；丝状和针状包体呈断续丝状或微小点状。

上述这些特征为热处理翡翠的鉴别提供了有力的证据。

二、漂白充填处理

漂白充填处理是指对含有杂色较多的色差翡翠，先经稀酸对其中的杂色进行溶解漂洗，然后再对由此产生的微裂隙用树脂或其他聚合物等固化材料进行充填，从而使翡翠的杂色减少，绿色分布均匀，水头变好。漂白充填处理的翡翠俗称"B货"翡翠。

B货翡翠的鉴定特征：

1. 光泽改变

B货翡翠的光泽表现为蜡状光泽。失去了原来翡翠表面的玻璃光泽。这是由于酸洗和树脂充填，使得翡翠的结构和组成发生了变化所致。

蜡状光泽是B货翡翠的鉴定特征之一。

2. 橘皮效应

"橘皮效应"是指对翡翠进行酸洗和树脂充填，使得翡翠的内部结构被破坏且组成发生了变化，因而在其表面呈现出类似橘皮般凹凸不平的特征，以及酸蚀网纹（图5.29）。观察橘皮效应和酸蚀网纹时，应将光线反射到翡翠的表面，在反射光下进行观察。

橘皮效应和酸蚀网纹为B货翡翠的鉴定提供了有力证据。

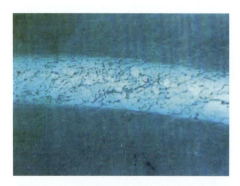

图 5.29 B货翡翠的橘皮效应和酸蚀网纹

3.声音沉闷

B货翡翠相互间轻轻碰撞时发出的声音较沉闷。而A货翡翠则较清脆。

A货翡翠是指除切磨加工和打蜡之外,未经其他任何人工优化处理的翡翠饰品。

为了保护消费者的利益,我国国家标准规定凡经非常规方法处理过的珠宝玉石必须在标签标识上给予明确的标识,如"翡翠(漂白充填)""翡翠(处理)""翡翠(染色)"等。

应当指出的是,通过听声音来识别B货翡翠是一种经验性的方法,需要反复实践,方能区分出B货和A货翡翠。

4.光谱检测

由于B货翡翠在处理过程中,添加了树脂或其他聚合物等固化材料,因而,在B货翡翠的红外光谱图中,除出现翡翠本身的"指纹"鉴定谱峰外,还会额外出现树脂聚合物等有机物特征的3017厘米$^{-1}$和3059厘米$^{-1}$的较强吸收峰。

三、染色处理

染色处理是指对白色、无色等的颜色较差的翡翠,将绿色染料(通常是铬盐$CrSO_4$)等沿着翡翠的裂隙渗入翡翠内部,以达到改善或改变翡翠颜色的目的。染色处理的翡翠俗称"C货"翡翠。

C货翡翠的鉴定特征:

1.绿色走向

C货翡翠由于是采用绿色染料对翡翠进行染色处理,因此,绿色常常是沿着翡翠的裂隙呈网状分布,且裂隙两侧绿色的浓度较高。

绿色染料沿翡翠裂隙呈网状分布是C货翡翠的鉴定特征之一。

2.吸收光谱

用分光镜观察,C货翡翠常具有650纳米吸收带。这是由于C货翡翠通常使用的染料是铬盐,染色后具有铬盐650纳米吸收带。而天然绿色翡翠则具有437纳米、630纳米、660纳米的吸收带。

3.用蘸有丙酮的棉签擦拭

用蘸有丙酮的棉签擦拭染色翡翠,现象是白色的棉签被染成绿色。原因是绿色染料溶解于丙酮,故使棉签变色。

4.查尔斯滤色镜

对于部分染绿色的翡翠,其中有些致色物在查尔斯滤色镜下可呈现红色,而某些致色物在滤色镜下无反应。所以,查尔斯滤色镜在染色翡翠的鉴别上,只能起到辅助作用。

四、覆膜处理

覆膜处理是指在质量较差的翡翠表面覆着绿色薄膜,以改变翡翠原有的颜色,使其品质改善。覆膜也称翡翠的"穿衣"结构。

覆膜处理的翡翠,放大检查可见其表面光泽弱,无颗粒感,局部可见薄膜脱落现象。其表面常常具有"毛糙"的划痕。这是由于所覆的材料其硬度较低,在保存和运输中相互碰擦所致。"毛糙"的划痕是识别覆膜处理翡翠的有力证据。

第十节 与翡翠相关的玉石名称

目前,市场上与翡翠相关的玉石名称主要有以下两种:

一、八三玉

"八三玉"是1983年在缅甸北部发现的一种新类型的玉石,因而称为"八三玉",又称为"巴山玉""爬山玉"等。八三玉的主要矿物成分是硬玉,还含有少量的绿辉石和角闪石等。

八三玉的颜色以灰白色为主,质地较为疏松粗糙(图5.30),因此常用来制作B货翡翠。

二、水沫子

"水沫子"的主要矿物成分与翡翠完全不同,主要为钠长石,含有少量的辉石和角闪石矿物。因此,又称为钠长石玉。

图5.30 "八三玉"

水沫子的主要特点是质地较为细腻,颜色较浅,为白色、灰白色或无色,可有蓝绿色"飘花",其中含有零星分布的白色"棉"或"白脑",形似水中泛起的泡沫,故名水沫子(图5.31)。

水沫子透明度高,通常呈半透明,与"冰种"翡翠极为相似。因此市场

图 5.31 "水沫子"

上常见有用水沫子来冒充优质高档翡翠的现象。两者最主要的鉴别依据是内部结构。翡翠具有粒状或纤维状变晶结构，颗粒间因发生交代作用而使边界模糊不清。而水沫子则具有粒状结构，颗粒间的边界清晰可见。同时，水沫子含有特征的形似泡沫的结构，因而，肉眼可容易识别。

其次水沫子的密度（2.48～2.65克/厘米^3）、折射率（1.53～1.54）和莫氏硬度（6～6.5）均小于翡翠。

第十一节　翡翠的鉴赏与投资

一、我国的四大国宝级翡翠玉雕

我国最著名的四大国宝级翡翠玉雕作品是《岱岳奇观》《含香聚瑞》《群芳揽胜》和《四海腾欢》。这四件玉雕珍品现陈列于中国工艺美术馆。

这四件翡翠玉雕是由北京玉器厂近40名玉雕大师，利用四块大型翡翠原料，从1982年开始，耗时整整6年时间精雕细刻而成的异常珍贵的翡翠玉雕作品。这四件玉雕作品于1990年获国务院嘉奖和中国工艺美术百花奖"珍品"金杯奖。

1.《岱岳奇观》

翡翠玉雕作品《岱岳奇观》（图5.32）气势恢宏，以东岳泰山为创作原型，将整个泰山的风貌栩栩如生地展现在作品之上，特别是将十八盘、玉皇顶、云步桥等泰山的主要景点浓缩在玉料之上。值得一提的是，玉雕大师们巧用玉料上的红色俏色，设计为旭日东升，展现在作品的右上方，起到画龙点睛的作用。《岱岳奇观》高78厘米，宽83厘米，厚50厘米，重363.8千克。

2.《含香聚瑞》

翡翠玉雕作品《含香聚瑞》（图5.33）以我国古代的花薰为创作原型，采用圆雕、浮雕、镂空雕等高超、精湛的玉雕工艺，创作出了精美绝伦的绝世玉雕珍品。《含香聚瑞》高71厘米、宽56厘米、厚40厘米,重274千克。

3.《群芳揽胜》

《群芳揽胜》(图5.34)是经玉雕大师们巧妙设计和精湛雕琢的一个翡翠花篮,篮中插满了"牡丹""菊花""玉兰"等,花朵和花枝活灵活现,翠绿欲滴,给人雍容华贵、富贵祥和之感。花篮上两条玉链各40厘米长,并各含32个玉环。《群芳揽胜》高64厘米,原料重87.6千克。

图5.32 《岱岳奇观》

图5.34 《群芳揽胜》

4.《四海腾欢》

翡翠插屏《四海腾欢》(图5.35)以我国传统文化中的"龙"为创作主题。玉雕大师们设计雕刻出9条活灵活现的绿色蛟龙,展现出它们在波涛汹涌的大海中尽情腾欢的恢宏场景。《四海腾欢》高74厘米、宽146.4厘米、厚1.8厘米,原料重77千克。

图5.33 《含香聚瑞》

图 5.35 《四海腾欢》

二、翡翠的鉴赏与投资要点

翡翠历来是收藏和投资的最主要品种之一。世界著名的艺术品拍卖公司或拍卖行每年高档翡翠的拍卖价格屡创新高。优质翡翠一直是"价值"和"财富"的象征。

翡翠的鉴赏与投资主要包括以下几点：

① 在鉴赏与投资、收藏高档翡翠时，首先考虑翡翠的质地，其次考虑翡翠的颜色。

质地中以老坑玻璃地为最佳，其次为冰地、糯地和豆地。

颜色最好的为"帝王绿"，即绿色应鲜艳、饱满、纯正，不带任何其他杂色。其次为"福禄寿"，即绿色、红色和紫罗兰色集于一身，且颜色搭配和谐，色调饱满。满足此条件的翡翠实属罕见，其收藏和投资价值很高。

② 对于一般品质的翡翠，首先考虑翡翠的颜色，其次考虑翡翠的质地。除绿色翡翠外，紫罗兰翡翠、红翡和墨翠也具有很高的投资和收藏价值。

③ 考虑了翡翠的质地和颜色后，翡翠重量越大，其收藏和投资价值越高，升值的潜力也就越高。

在收藏和投资翡翠时，要特别注意：

① 市场上有些翡翠是经过热处理、染色、漂白充填和覆膜处理过的。这些经过优化处理的翡翠，其价值大大降低，在收藏和投资上一定要谨慎行事。尽量做到心中有数，万无一失。为此，建议收藏投资者多了解市场，从实践中积累行之有效的辨别经验。同时，"以石会友"，多与其他翡翠爱好者交流沟通，特别是向珠宝玉石行业人士请教学习，倾听他们的意见和建议，尽量避免盲目投资，将风险和资金损失降到最低。

② 特别是对于档次高、价值昂贵

的翡翠，在收藏和投资时，根据个人的需要，必要时要通过权威的专业检测机构进行专门的检测，以防投资的失误和资金的损失。

翡翠的收藏和投资价值可以从近几年来拍品的成交价格略见一斑。在2016年北京匡时十周年秋季拍卖会上，一尊翡翠观音估价为3500万～3800万元人民币，最终成交价为7475万元人民币（图5.36）。

在2016年香港苏富比秋季拍卖会上：一枚天然红色翡翠配天然冰种翡翠、钻石、彩色钻石及缟玛瑙（蜜蜂形状）的胸针（图5.37），其中，冰种翡翠约11毫米×9毫米×6毫米，最大红色翡翠约15毫米×12毫米×7毫米，最终成交价为212 500港币。一枚铂金镶钻的紫色翡翠戒指（图5.38），翡翠尺寸约20毫米×17毫米×9毫米，最终成交价为212 500港币。

图 5.36　翡翠观音

图 5.37　翡翠胸针

图 5.38　翡翠戒指

第六章

和田玉（软玉）的鉴赏与投资

第一节　和田玉与软玉

一、和田玉简介

地处我国西北边陲的新疆维吾尔自治区，珠宝玉石资源丰富。不仅产出各种各样质量上乘的宝石，还产出举世瞩目的和田玉。

新疆和田县产出的和田玉历史悠久，在我国玉石历史上具有举足轻重的地位。就世界范围内所产出的软玉的质量而言，新疆和田玉的品质最高。

"万方乐奏有于田""天下美玉出和田"。在北京故宫博物院所珍藏的和田玉玉器中最大的是举世闻名的清乾隆时期雕琢的和田玉玉山"大禹治水图"。该玉雕高224厘米，宽96厘米，重约5330千克。玉料于1781年（乾隆四十六年）运往扬州雕琢，历时六年雕成，玉山于1787年运回京城，安放于故宫乐寿堂内。玉山画面生动，气势恢宏，构思于宋代"大禹治水图"，再现了大禹治水时的壮观景象，成为和田玉雕的稀世珍宝。乾隆皇帝在玉山背面御题："功垂万古德万古，为鱼谁弗钦仰视。画图岁久或湮灭，重器千秋难败毁。"

时至今日，和田玉依然是玉石收藏和拍卖市场上的宠儿，具有不可替代的地位。质量上乘的和田玉的拍卖成交价格被屡屡刷新。这足以说明和田玉的文化价值以及在玉石投资和收藏者心目中的崇高地位。

二、软玉与和田玉的关系

软玉是玉石中的一个大类，是一种主要由透闪石和阳起石组成、具显微纤维状或致密块状结构和构造的矿物集合体，世界各地所产的类似组成和性质的玉石均称为软玉。新疆和田县是软玉的一个重要产地。除了我国新疆和田县，软玉的产地还有我国的青海（昆仑玉）、台湾、四川，以及俄罗斯（俄料）、韩国（韩料）、加拿大等地。

和田玉是指产于新疆和田县及其附近地区的软玉。由于新疆和田县产出的玉在各产地软玉中质地最好、品相最佳，国家标准GB/T 16552—2017《珠宝玉石　名称》中把"和田玉"专门作为软玉的一类。

第二节　软玉的基本性质

软玉的基本性质包括其化学与矿物组成、物理和化学性质等。

① 化学成分：$Ca_2(Mg, Fe)_5Si_8O_{22}(OH)_2$。

② 矿物组成：主要由透闪石、阳起石组成，以透闪石为主。

③ 常见颜色：浅至深绿色、黄色至褐色、白色、灰色、黑色等。

④ 光泽：玻璃光泽至油脂光泽。以油脂光泽为最典型。

⑤ 摩氏硬度：6～6.5。

⑥ 密度：2.95（+0.15，−0.05）克/厘米^3。

⑦ 折射率：1.606～1.632（+0.009，−0.006），点测法1.60～1.61。

⑧ 吸收光谱：没有明确的特征性谱线，在500纳米可见有模糊吸收线，优质绿色软玉可在红区有模糊吸收线。

⑨ 放大检查：纤维交织结构，黑色固体包体。

⑩ 特殊光学效应：猫眼效应（罕见）。

第三节　软玉的鉴定特征

一、仪器鉴定特征

软玉的鉴定特征主要包括密度、折射率和内部结构。测定的密度和折射率应与软玉基本性质中的数据相符。

软玉具有典型的"纤维变晶结构"，又称为"毛毡状结构"。"纤维变晶结构"是鉴别软玉的主要依据之一。

纤维变晶结构是指软玉中极微细的纤维状透闪石无定向交织成毛毡状，整体结构均一。透闪石颗粒越细小，结合程度越紧密，玉石的致密度越高，玉质越细腻，油脂光泽越好，玉石的"油性"就越好。

如果在软玉的"纤维变晶结构"中，极微细的纤维状透闪石沿片理方向近于平行排列或者聚集成束状或捆状，呈规则良好的定向排列，经过适当琢磨和加工，该玉石即可表现出罕见的猫眼效应。

二、肉眼识别特征

软玉的肉眼识别特征主要包括：

1. 光泽

软玉具有典型的油脂光泽（图6.1）。这一光泽使其与其他玉石能够较容易区分和识别。

图6.2 细腻的质地

图6.1 油脂光泽

2. 质地

软玉的组成矿物透闪石的颗粒细小，因此，大部分的软玉质地较细腻（图6.2），呈半透明状。

3. 石皮

和田玉的籽料往往带"皮"。石皮有助于识别和田玉籽料。"皮"的颜色通常有红色、黄色、褐色等（图6.3）。

图6.3 带红褐色皮的和田玉籽料

需要提醒的是，由于和田玉的籽料价值远高于山料和山流水料，而后两种玉石通常是不带"皮"的。因此，市场上常有在山料和山流水料上做假"皮"，冒充籽料的现象。收藏者一定要仔细辨别，以防受骗。

第四节　软玉的分类

软玉通常依据颜色和产出状态分类。

一、依据颜色分类

软玉依其颜色可分为：白玉、青玉、青白玉、碧玉、黄玉、墨玉、糖玉。其中以白色者为最优。

1. 白玉

特点：颜色呈现纯白至稍带灰、绿、黄色调。玉石质地较为均匀，润度较高，油性较强。其中玉质似"凝脂"的白玉，又称为羊脂白玉（图6.4），是软玉中的上品。

图6.4　羊脂白玉

2.青玉

特点：颜色呈现浅灰至深灰的黄绿、蓝绿色（图6.5）。

图6.5　青玉

3.青白玉

特点：颜色介于白玉和青玉之间（图6.6），是白玉和青玉的过渡品种。

4.碧玉

特点：颜色呈现翠绿至绿色（图6.7）。

图6.6　青白玉

图6.7　碧玉手镯

5.黄玉

黄玉的颜色主要呈现黄色、蜜黄色、栗黄色等（图6.8）。

图6.8　故宫黄玉双连环璧

6. 墨玉

墨玉的颜色呈现灰黑至黑色（图6.9）。黑色为其内部细小片状的石墨包裹体所致。其中纯黑如漆的墨玉属于上品。

7. 糖玉

糖玉的颜色主要为黄褐至褐色（图6.10）。由于其颜色类似熬煮后融化的红糖的颜色，因而称为糖玉。

图 6.9 墨玉

图 6.10 糖玉

二、依据产出状态分类

软玉依其产出状态可分为：山料、山流水料和籽料。

山料：是指产于山上的原生矿，在地质学上称为原生矿床。山料的最大特点是玉料呈棱角状，磨圆度很差。

山流水料：是指在地震、冰川作用和重力作用等地质作用的影响下，山料崩落，被搬运至山脚和河流的中上游而形成的玉料。山流水料常产于坡积和冰川堆积层中。山流水料的最大特点是玉料呈现次棱角状（即玉石棱角稍有磨圆）、磨圆度稍好。

籽料：是指原生矿经风化、崩落和剥蚀后，又被流水搬运到河流中下游的砂矿中产出的玉料。籽料的最大特点是形状常呈鹅卵形，玉石表面常具不同颜色的石"皮"，玉质温润。

第五节　和田玉的形成与分布

一、形成

和田玉产于中酸性的花岗岩与富镁的大理岩接触带中。属于低温变质成因。

二、分布

和田玉分布于塔里木盆地之南的昆仑山至阿尔金山地区，西起喀什地区塔什库尔干县，中经和田县南部，东至且末县南部。和田玉是由海西期闪长岩与前寒武系结晶灰岩接触交代成矿的，矿体呈囊状、透镜状，产于大理岩中。昆仑山北部的和田玉产地依其地质特征分为三个地区，由西至东为：

1. 莎车—叶城地区

莎车—叶城地区产出的和田玉主要为青玉，其次为青白玉，白玉少见。

清代著名的"大禹治水图玉山"的玉料即产于该地区。该区玉料的矿化带长达120米，规模较大，现在的开采深度在10～30米，仍有较大的资源潜力。

2. 和田—于田地区

和田—于田地区产出的和田玉玉种较为齐全，主要包括白玉、羊脂白玉、青白玉、青玉、墨玉、黄玉等。

3. 且末—若羌地区

且末—若羌地区主要产出白玉、青白玉、青玉和糖玉等玉种。

且末县玉石矿自20世纪70年代建矿开采迄今，已采玉石2870吨。若羌地区20世纪90年代重新开采，至今已产玉石150吨，是目前产玉的重要矿山之一，地质工作者预测该区的玉石矿产资源仍具有很大的开发潜力。

第六节　软玉的基本品质评价

软玉的基本品质评价要素主要包括：颜色、光泽、块度、皮色和特殊光学效应等。

对软玉的质量评价，申柯娅等（2003）提出可以从颜色、光泽、块度、皮色、特殊光学效应等方面进行评价。

一、颜色

1. 白玉

白玉是和田玉中颜色最好的。其中以羊脂白玉为最佳，价值也最高。

2. 青玉

青玉的颜色要求越纯净越好，不含杂色。

3. 青白玉

青白玉是白玉和青玉的过渡品种。在青白玉中，以颜色越接近白色者越好。

4. 碧玉

碧玉的颜色应以绿色、鲜绿色为最好，深绿色、墨绿色或暗绿色则较次。

5. 黄玉

黄玉的颜色以纯净的黄色、蜜黄

色、栗黄色为上品。由于黄玉较稀少，因此，优质黄玉的价值可与羊脂白玉相媲美。

6. 墨玉

墨玉的颜色以纯黑色、墨黑色为最佳。黑色纯正、分布均匀、不含杂色者质量为上乘。

7. 糖玉

糖玉通常呈现红褐色。玉料糖色的部分在整个玉石中的比例越大越好。通体呈现糖色的玉料较少，一般在和田玉中将糖色作为俏色。在玉雕作品中，巧用俏色，可起到画龙点睛的作用，大大提高玉石的品质。

二、光泽

光泽是评价玉石质量的最重要指标之一。软玉的光泽主要为油脂光泽。通常所谓的软玉质地细腻、温润，其实质就是指玉石的油脂光泽强。

软玉的光泽与其内部结构密切相关。要达到玉质细腻、温润，就要求玉石的颗粒要细小，均匀度要高。质地细腻如"果冻"的软玉质量属上品。

三、块度

在玉石颜色、光泽等相同的条件下，玉的块度越大，其价值也越高。

四、皮色

皮色是指对和田玉的籽料而言的。通常情况下，和田玉的籽料均带石皮。石皮的颜色一般有红色、黄色、褐色等。其中以红皮质量最佳。行中所谓的"软玉见红，价值连城"，就是这个道理。

五、特殊光学效应

软玉的特殊光学效应主要为猫眼效应。能够表现出猫眼效应的软玉命名为软玉猫眼。软玉猫眼是软玉中的珍品，具有很高的宝石学价值，其品质远高于无猫眼效应的普通软玉。

六、其他因素

除上述几种评价要素外，洁净度、裂隙等对软玉的质量也有较大的影响。一般而言，玉石越纯净，不含杂质和杂色，裂隙和瑕疵分布少，质量就越高，价值也越高。

总之，软玉的质量评价是对上述各种要素的综合评判，只有对上述评价要素进行综合分析，方能做出全面、客观评价。

第七节　四川软玉猫眼的新发现

软玉猫眼是指具有猫眼效应的软玉。软玉猫眼是罕见且珍贵的玉石品种，其宝石学价值、收藏价值和观赏价值均远高于无猫眼效应的普通软玉。

软玉作为一种珠宝玉石资源，在世界范围内分布较广。以前，在所有软玉矿中，只有我国台湾花莲产出的软玉和加拿大安大略省产出的少量淡绿色的软玉具有猫眼效应。

可喜的是，近年来，在我国四川省石棉县废弃的蛇纹石石棉矿区的一些矿段中发现了具有猫眼效应的软玉——软玉猫眼。其质地温润、细腻，猫眼鲜活（图6.11），呈褐黄色、褐色、浅绿色、暗绿色、浅黄色、深灰色等。

2004年12月10日在广州中国出口商品交易会开幕的中国国际金银珠宝及玉饰展览会和亚洲时尚首饰配件展览会上，首次展出世界最大的168.85克拉的软玉猫眼，极具观赏、收藏价值（图6.12）。这种软玉猫眼就是最近在我国四川省石棉县废弃的蛇纹石石棉矿中新发现的。其保守估价约80万元。

图6.11　四川软玉猫眼

图6.12　世界最大的软玉猫眼

一、软玉猫眼的原石特征

由于四川软玉猫眼属新近发现的特色珠宝玉石矿床，笔者曾对其做过详细的宝石矿物学及其谱学方面的研究，并取得了一系列最新研究成果。

四川省石棉县蛇纹石石棉矿区的软玉猫眼矿呈脉状分布于蛇纹岩体的剪切裂隙中（图6.13）。

四川软玉猫眼手标本表现为致密

块状（图6.14），蜡状至油脂光泽。隐晶质集合体，光泽柔和滋润，手摸之有滑感。半透明至不透明。韧性大，细腻、坚韧。样品一般色调单一，为灰绿、褐黄、黄绿、深绿及墨绿色。参差状断口。图6.15为原石减薄抛光后的样貌。

图 6.13　四川软玉猫眼的脉状（左）和团块状（右）产出

图 6.14　四川软玉猫眼手标本（放大比例 1∶1）

图 6.15　软玉猫眼原石减薄抛光后的样貌

二、软玉猫眼的结构特征

（一）显微结构特征

作者根据显微镜下观察四川软玉猫眼样品的岩石薄片，并依据软玉猫眼的矿物组成及其表现形式，将其显微结构分为以下三种形式：

1. 显微纤维变晶结构

显微纤维变晶结构是四川软玉猫眼最典型、最普遍的一种结构（图6.16）。纤维状透闪石沿片理方向近于平行排列或者聚集成束状或捆状，呈规则良好的定向排列（图6.17）。有时，透闪石纤维并未表现出沿某一片理方向的定向排列，而是沿几个不同片理方向定向排列（图6.18）。

2. 显微斑状变晶结构

显微斑状变晶结构的斑晶主要是片状透闪石集合体，对早期短柱状透闪石残蚀交代，仅保留短柱状假象。斑晶边缘与基质接触处，片状部分已纤维化，定向排列，与基质中纤维状透闪石的片理方向基本一致（图6.19）。此结构少见。

3. 交代港湾状结构

该结构表现为纤维状或放射状透闪石沿着被交代的蛇纹石残留骸晶规律分布，并沿裂隙进入蛇纹石内部对

图6.16　显微纤维变晶结构

图6.17　显微束状或捆状变晶结构

图6.18　纤维沿不同片理方向排列

图6.19　显微斑状变晶结构

其交代。蛇纹石呈针状和片状，整个轮廓具橄榄石的假象（图6.20）。这种现象虽然偶见，但佐证了四川软玉猫眼形成的地质环境为基性和超基性的交代岩体。

图 6.20　交代港湾状结构（蛇纹石呈针状和片状）

（二）扫描电镜特征

显微纤维结构是四川软玉猫眼效应形成的主要原因。但实际上，只具有显微纤维结构的软玉，如果其纤维间结合力较弱，玉石韧性较差，那么，在猫眼琢磨过程中很容易破裂，能够真正琢磨而表现出猫眼效应的概率很小。因此，猫眼效应不仅取决于显微纤维结构，也取决于玉石的韧性。所以，韧性对软玉猫眼也非常重要。软玉猫眼的韧度是衡量其质量好坏的重要标志之一。

图 6.21 是样品 ST-56 平行纤维方向自然敲口断面的显微形貌。该样品在偏光显微镜下结构为显微纤维变晶结构。放大倍数分别为 5000 和 2000。从照片中可以清楚地看到纤维状透闪石沿片理平行定向排列，纤维直径<1微

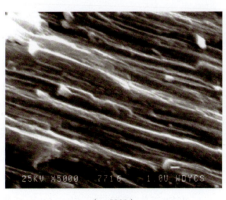
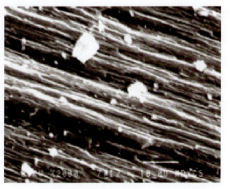

（×5000）　　　　　　　　　　（×2000）

图 6.21　样品 ST-56 平行纤维方向自然敲口断面的显微形貌

米。透闪石矿物的断口显微形貌特征表现为断裂呈台阶状，断裂面平直。纤维间有细小的粒状透闪石镶嵌，大小为1～10微米。这种小粒状透闪石的存在减弱了纤维间的结合力，使得软玉猫眼的韧性降低。因此，在琢磨时必须十分小心以免破裂。

图6.22为样品ST-49平行纤维方向自然敲口断面的微观形貌。放大倍数分别为5000和2000。该样品在偏光显微镜下为显微纤维变晶结构。可以清楚地看出，透闪石纤维细长，纤维宽度<1微米，纤维彼此相互穿插交错，紧密结合，大致沿纤维方向定向排列。这种特殊的穿插交错结构使透闪石纤维之间产生了一种机械结合力或绞合力。当受外力作用时，互相穿插绞合着的透闪石所组成的软玉猫眼形成断裂面时需要破坏各种力而拔出，这种纤维间的机械结合力的存在加大了每一个面断裂所需的能量，也即增强了软玉的韧度。

图6.23为样品ST-49垂直于纤维方向自然敲口断面的显微形貌。放大倍数分别为600、800、2000、5000。从照片中可以看出，透闪石纤维聚集成束状或捆状致密结合。断裂呈阶梯状，断裂面较尖锐，有较多纤维拔出。这可归因于透闪石颗粒具有较弱的晶界强度，这种断裂应属穿晶断裂。同时由于拔出作用不可避免地导致无数次级裂纹的产生，断裂面积的增大、断裂沿各个方向的延伸，将进一步消耗更多的能量，因此断裂所需的外加应力应加大，表现在宏观上则为软玉猫眼韧性较大，不易断裂。

（三）猫眼效应形成机理及与显微组构的关系

猫眼效应是一种特殊的光学效应，产生的必备条件之一就是玉石或宝石是由纤维状或细的长柱状并且沿一定方向定向排列的矿物组成，或其中含有大量平行排列的包裹体。

通过以上对四川软玉猫眼的矿物组成及其显微组构研究可知，其组成矿物绝大部分是平行定向排列的纤维状透闪石，显微纤维变晶结构起主导地位。正是由于这些大量定向排列的纤维状透闪石的存在，从内部结构上决定了猫眼效应产生的必备条件。如果切磨恰当，必能表现出良好的猫眼效应。

经与具有良好猫眼效应软玉的结构和构造的对比发现，不同结构的软玉其表现出的猫眼效应的良好程度不同。

当软玉的透闪石呈现显微纤维状，其岩石结构表现为显微纤维变晶结构，而且纤维表现为平行或近于平行片理方向且密集排列时，经适当的琢磨，能表现出良好的猫眼效应。猫眼的眼线集中呈一条亮线，无发散，猫眼逼真鲜活。

当软玉的近于平行的较宽的纤维束状或捆状纤维团，与细纤维状相间

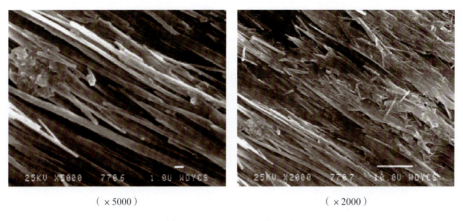

（×5000） （×2000）

图 6.22 样品 ST-49 平行纤维方向显微形貌

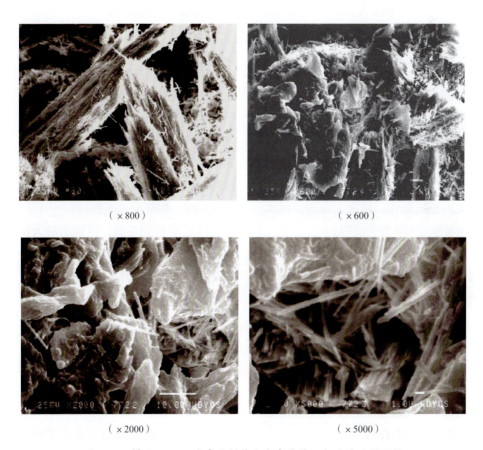

（×800） （×600）

（×2000） （×5000）

图 6.23 样品 ST-49 垂直于纤维方向自然敲口断面的显微形貌

平行排列时，虽然经琢磨后能表现出猫眼效应，但是猫眼的眼线呈发散状，不能集中呈一条亮线，所以猫眼质量较差。

当软玉的纤维呈放射状（帚状），不具平行定向排列，但局部范围内纤维仍能表现出弱定向排列时，猫眼效应弱，且猫眼的眼线呈发散状，猫眼质量差。

具有显微斑状变晶结构、交代港湾状结构的软玉，基本上无猫眼效应。

四川软玉猫眼的显微斑状变晶结构中的片状透闪石虽然含量较少，但这种结构和形态会影响猫眼效应的产生，降低猫眼的品质。如果片状透闪石大量存在于平行排列的纤维状透闪石中，则会使猫眼效应减弱甚至消失。

第八节　和田玉的鉴赏与投资

1.要点

① 在鉴赏和投资、收藏和田玉时，首先考虑和田玉籽料，其次考虑和田玉的颜色。

② 对于和田玉籽料的收藏，最好是收藏带石皮的籽料。石皮的颜色以红皮为质量最佳，其次为黄皮，再次为褐黄色皮和秋梨色皮等。

③ 在和田玉的颜色品种上，当以白色为佳。特别是质地细腻、温润，状如凝脂的羊脂白玉为最佳。

④ 除白玉外，碧玉、糖玉、墨玉等品种也具有较高的投资和收藏价值。

⑤ 在满足上述四点后，玉石的块度越大，其收藏和投资价值越高，升值的潜力也就越高。

2.辨别染色作假

在收藏和投资和田玉时，要特别注意：

① 市场上有些和田玉是经过染色处理过的。特别是有人对玉石表面进行作假和染色，以冒充天然的石皮，从而当作籽料来提高玉石的价值。通常表现为对玉石进行部分或整体染色，以部分染色为最常见。玉石表面常被染成褐红、棕红至黄等色。

经过染色的玉石，辨别的最大特点是观察染料颜色的走向和分布。染料颜色往往是沿着玉石的微裂隙分布，裂隙附近颜色较深，且颜色常常浮于玉石的浅表面。

这些经过染色处理的玉石，其价值远低于天然籽料，在收藏和投资上一定要谨慎行事。尽量做到心中有数，万无一失。

为此，建议收藏投资者多了解市场，从实践中积累行之有效的辨别经验。同时，"以石会友"。多与"石友"

交流沟通，特别是与珠宝玉石行业人士请教学习，倾听他们的意见和建议，尽量避免盲目投资，将风险和资金损失降到最低。

② 对于档次高、价值昂贵的和田玉，在收藏和投资时，应根据个人的需要，必要时要通过权威的专业检测机构进行专门的检测，以防投资的失误和资金的损失。

3. 投资价值

和翡翠一样，高档的和田玉也一直是收藏和投资市场的宠儿，是财富的象征。和田玉的收藏和投资价值可以从近几年来拍品的成交价格略见一斑：

2016年香港邦瀚斯四月拍卖会上，一尊西汉时期的青玉羊形水丞估价200万～300万港币，最终成交价为1986万港币（图6.24）。

图 6.24　西汉青玉羊形水丞

如图6.25所示的一尊黄玉神兽，在2016巴黎苏富比亚洲艺术品秋季拍卖会上估价10万～15万欧元，最终成交价为420.7万欧元。

图 6.25　黄玉神兽

在2016年北京保利春季拍卖会上，一方清乾隆白玉交龙钮宝玺以4197.5万元的价格成交（图6.26）。

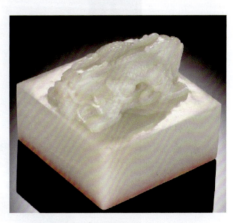

图 6.26　清乾隆白玉交龙钮宝玺

在2016年香港苏富比秋季拍卖会上，一方清乾隆御宝青玉交龙钮方玺估价8000万～12000万港币，最终成交价为9148万港币（图6.27）。

最后，值得一提的是，如果软玉能够在乳白色基底上呈现出形似"草花"图案的品种，则该品种也具有一定的观赏和收藏价值（图6.28）。

图 6.27 清乾隆御宝青玉交龙钮方玺

图 6.28 贵州罗甸软玉中的"草花"

第七章

我国三大名玉的鉴赏与投资

第一节　中国国石候选石之一的岫玉

一、岫玉的历史与文化简介

岫岩玉，简称岫玉，因产于辽宁省岫岩满族自治县而得名，属于蛇纹石质玉。

岫玉是中华珠宝玉石大家族中的重要一员，它以质地温润、晶莹、细腻、性坚、透明度好、颜色多样而著称于世，自古以来一直为人们所垂青和珍爱。

岫玉是中国先民开发、应用最早的一种玉料，距今已有7000年的历史。浙江余杭河姆渡文化遗址中，有用岫玉制成的玉斧、玉铲和玉刀等玉器。

2000年2月，经中国宝玉石协会（现更名为"中国珠宝玉石首饰行业协会"）评选，岫岩玉被评为中国国石候选石之一。辽宁岫玉资源极其丰富。1959年在辽宁省岫岩县产出一块长7.95米、宽6.88米、高4.1米、重267.76吨的巨型岫玉，玉质细腻，五彩斑斓，实属罕见。1997年岫岩玉石矿又发现了重达6万吨的岫玉巨无霸。

1999年为庆祝澳门回归祖国，辽宁省人民政府向澳门特别行政区政府赠送了岫玉珍品"九九月圆图"

图7.1　岫玉珍品"九九月圆图"

图7.2　岫玉玉雕精品

（图7.1），向世界展示了岫岩玉文化的风采。

作为具有悠久历史的传统玉石，岫玉具有得天独厚的品质和文化底蕴。岫玉雕刻工艺和设计水平精湛且推陈出新（图7.2），吸引着越来越大的收藏者和投资者。岫玉的鉴赏与投资方兴未艾。

二、岫玉的基本性质

① 化学成分：$(Mg, Fe, Ni)_3Si_2O_5(OH)_4$。

② 矿物组成：主要为蛇纹石，常见伴生方解石、滑石、磁铁矿等。

③ 常见颜色：绿至绿黄、白色、棕色、黑色。

④ 光泽：蜡状光泽至玻璃光泽。

⑤ 摩氏硬度：2.5 ~ 6。

⑥ 密度：2.57（+0.23，–0.13）克/厘米^3。

⑦ 折射率：1.560 ~ 1.570（+0.004，–0.070），点测法1.56。

⑧ 放大检查：黑色矿物包体，白色条纹，叶片状、纤维状交织结构。

⑨ 特殊光学效应：猫眼效应（罕见）。

三、岫玉的鉴定特征

1. 仪器鉴定特征

岫玉的鉴定特征主要包括：密度、折射率、内部结构等。测定的密度和折射率应与岫玉基本性质中的数据相符。岫玉的内部结构常表现为细粒叶片状、纤维状交织结构。结构较为细腻，均匀。

2. 肉眼识别特征

岫玉的肉眼识别特征主要包括：颜色、光泽、细腻度和透明度等。颜色、细腻度和透明度是肉眼识别岫玉的关键。

（1）颜色　岫玉的颜色最主要的是绿色至绿黄色，且颜色较均匀。

（2）光泽　岫玉具有玻璃光泽。

（3）细腻度　通常情况下，岫玉的细腻度较高（图7.3）。质地较为细腻，有时具有细小的石花、石钉等。

（4）透明度　岫玉的透明度一般较高，常呈现半透明状。

图7.3　质地细腻的岫玉

四、蛇纹石质玉石的形成和产地

（一）形成

岫玉属于蛇纹石质玉石的一种，是蛇纹石质玉石的代表。蛇纹石质玉石产于蛇纹石化大理岩中，由富镁的碳酸盐经变质作用而形成。

（二）产地

蛇纹石质玉是常见的玉石原料，世界各地均有产出。

1.国内产地

中国蛇纹石质玉的产地相当广泛，主要产地简介如下：

（1）辽宁岫岩　该地所产的蛇纹石质玉被称为岫玉。岫玉是我国最具代表性的、质量最好的蛇纹石玉。颜色以淡绿为主，多为半透明，玻璃光泽。岫岩县北瓦沟玉矿是中国该类玉石矿中规模最大者。

（2）甘肃酒泉　产于甘肃酒泉附近的祁连山中，因而又称"酒泉玉"或"祁连玉"。玉石产于蛇纹石化超基性岩中，是一种含有黑色斑点或黑色团块的暗绿色玉。

（3）广东信宜　广东信宜所产的蛇纹石玉称"南方玉"。玉质细腻，呈黄绿至绿色。

（4）台湾花莲　我国台湾花莲县除产出优质软玉猫眼外，还产出蛇纹石玉。由于含杂质矿物，因而玉石呈黑色或具有黑色条纹，玉质细腻，半透明，油脂光泽，颜色为草绿色、暗绿色。

（5）广西陆川　该地所产的蛇纹石玉称"陆川玉"。其玉质细腻，在黄绿基底上常见黑点。

（6）四川会理　该地所产的蛇纹石玉称"会理玉"。玉质细腻，外观似碧玉，呈暗绿色。

（7）青海都兰　该地所产的蛇纹石玉由于具竹叶状花纹，因而被称为竹叶状玉。

（8）甘肃武山　该地所产的蛇纹石玉又称"武山鸳鸯玉"。玉石以墨绿色蛇纹石为主，含少量绿泥石、黄铁矿等。

2.国外产地

国外蛇纹石玉的著名产地和品种介绍如下：

（1）新西兰　鲍纹玉（Bowenite），呈微绿色白至淡黄绿色，半透明状，质地细腻。主要矿物成分为叶蛇纹石，块体中常含磁铁矿、滑石和铬铁矿等斑点。

（2）美国宾夕法尼亚州　威廉玉（Williamsite），主要由镍蛇纹石、水镁石和铬铁矿组成。浓绿色，半透明。

（3）朝鲜　朝鲜玉，又名高丽玉，呈鲜黄绿色，近透明，质地细腻。

（4）墨西哥　雷科石（Riwlite），呈绿色，具蛇纹构造。

（5）美国加利福尼亚州　加利福尼亚猫眼石（California cat's eye），是由平行排列的纤维状蛇纹石组成。丝绢光泽，琢磨成弧面后可表现出猫眼效应。

在上述蛇纹石玉中，唯有美国加利福尼亚州所产的蛇纹石具有猫眼效应，而且该矿蛇纹石猫眼的储量较小。蛇纹石猫眼在自然界产出的概率很小，因此其宝石学价值和经济价值很高。

五、四川蛇纹石猫眼的新发现

近年来，在我国四川省石棉县废弃的石棉矿中除发现了软玉猫眼外，同时也发现了蛇纹石猫眼。这一发现又是锦上添花。因为蛇纹石猫眼是非常罕见的，迄今为止有关蛇纹石猫眼的相关报道甚少。笔者曾对其做过详细研究。

1.蛇纹石猫眼的原石特征

四川蛇纹石猫眼（图7.4）产于石棉矿区超基性岩体——蛇纹石化橄榄岩中，与软玉猫眼相伴生，属镁质超基性岩蚀变类型。手标本上观察其构造为致密块状，油脂光泽至丝绢光泽。样品色调较单一，为灰色、灰绿、褐灰、褐黄、黄绿、深绿及绿黑色（图7.5）。

图7.4 四川蛇纹石猫眼

图7.5 四川蛇纹石猫眼原石

2. 显微结构特征

蛇纹石猫眼的矿物成分主要为纤维状蛇纹石（图7.6）和叶片状蛇纹石（图7.7）。此外，还有少量方解石、白云石和磁铁矿。

根据矿物组分及组构特征，将四川蛇纹石猫眼分为微纤维变晶结构（图7.8）和微鳞片变晶结构（图7.9）等。

图7.6　纤维状蛇纹石集合体

图7.7　叶片状蛇纹石集合体

图7.8　蛇纹石猫眼微纤维变晶结构

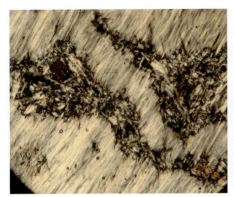 

图 7.9 蛇纹石猫眼微鳞片变晶结构

3.扫描电子显微镜特征

图 7.10 为扫描电子显微镜下蛇纹石纤维的两种微观形貌图。其中图 7.10（a）所示的蛇纹石纤维细长且相对比较平直，沿纤维的长轴方向近于平行定向排列。具有此纤维结构的蛇纹石能表现出良好的猫眼效应。

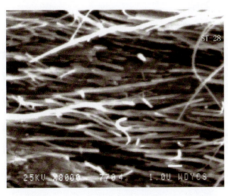 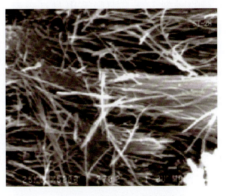

（a）×8000（纤维平直）　　　　（b）×5000（纤维相互穿插绞合）

图 7.10 蛇纹石纤维的微观形貌

六、岫玉的基本品质评价

岫玉的质量评价要素主要包括颜色、质地、透明度和瑕疵等。

1.颜色

岫玉的颜色以绿色为最好。绿色纯正，无杂色夹杂者为上品。但是，由红色和棕色组合而成的岫玉（俗称"花玉"），如果红色和棕色的颜色搭配合理协调，又能构成形似山水、国画般的美丽图案，构成图案石，则其收藏和鉴赏价值会大大提高。

2. 质地和透明度

通常情况下，岫玉的质地越细腻，透明度越高，其价值则越高。

3. 瑕疵

岫玉中的瑕疵主要表现为细小的裂纹、石花、石钉等。这些瑕疵均会影响玉石的纯净度，进而影响玉石的品质。石花和石钉通常是一些细小的杂质矿物，形似细小的花朵或"钉"状。

岫玉中瑕疵越少越好。

4. 其他因素

在评价岫玉质量时，颜色、质地和透明度是关键的要素。除此之外，玉石的雕刻工艺、重量等也对其质量评价有较大影响。

因此，岫玉的评鉴是对上述各种要素的综合分析和评价。只有综合考量、整体评价，才能对其品质做出比较客观、公正的结论。

七、岫玉的鉴赏与投资

1. 颜色

在鉴赏和投资、收藏岫玉时，首先考虑岫玉的颜色。岫玉的颜色以绿色为最佳。投资价值也最高。

2. 质地和透明度

质地细腻、透明度高、杂质和杂色少的岫玉，其收藏和投资价值较高。

3. 块度

由于岫玉的产量较大，一般玉石的块度较大。因此，以投资质量较高、块度较大的岫玉为佳。

块度较大的岫玉，通常制作成玉雕摆件。因此，选择体量合适、质地较高的岫玉为最佳。

4. 雕工

对于玉雕作品，玉雕的工艺和设计则显得尤为重要。对于上乘的岫玉雕件，应雕工细腻精湛，造型设计栩栩如生，设计图案等符合传统的中国文化中的吉祥、富裕、长寿等寓意元素，使人能产生感官的第一美感。

5. 图案

图案是对岫玉的原石而言。岫玉的原石由于其颜色和成分的差异，常表现出不同的色带，或由不同色带组成花纹和图案。这种岫玉经打磨抛光后，花纹和图案会更加清晰、逼真。将此类岫玉称为岫玉图案石。

对于岫玉图案石，要求图案应在"形"和"神"方面，相似于自然界的人物、动物、山水、花鸟等。"形似"和"神似"兼备者，其收藏和投资价值较高。

值得一提的是，在收藏图案石时，首先应强调岫玉的图案效果。而对于玉石的质地等则不必强求。

第二节 成功之石——绿松石

一、绿松石的历史与文化简介

绿松石又称为"松石""土耳其玉"等。我国古代也称绿松石为"青琅""碧琉璃""襄阳甸子""荆州石"等。

国际珠宝界将绿松石和青金石并列为十二月份的诞生石,象征成功和必胜。因此,绿松石又被誉为"成功之石"。

绿松石是一种古老而典雅的玉石,自古以来就被人们赋予除邪祛灾、祈求好运和吉祥如意的美好象征。我国历代皇帝都将绿松石视为珍宝,用来祭天和祈求神灵庇护。

绿松石在我国具有悠久的历史与文化。在旧石器时代的北京周口店"山顶洞人"的遗址中,就发现了绿松石的存在。河南舞阳和郑州等地曾出土了远至新石器时代的绿松石饰物以及仰韶文化时期的鱼形绿松石饰物。

在随后的不同历史朝代,达官贵人的墓葬中均有绿松石饰品的出土。

色泽淡雅、宁静的绿松石是深受我国藏族同胞喜爱的传统饰品之一。

藏族同胞视绿松石为神灵之石。绿松石在藏语中称"Gyu",寓意吉祥如意,常被制成佛像或随身佩戴的护身符。

据史料记载,唐朝贞观十五年,汉藏王室联姻,就有唐太宗赐下的大量绿松石饰品作为文成公主的嫁妆。藏传佛教还以绿松石作为宗教用的宝石,象征着美好、吉祥、富贵和幸福。

古印第安人认为绿松石是蓝天和大海的精灵,是神力、好运和幸福的象征。绿松石的波斯语的含义是"不可战胜的造福者"。

如今,绿松石已经成为玉石家族中一个重要的成员。其优雅高贵的颜色、品质和深厚的文化底蕴吸引着越来越多的收藏者和投资者的目光。特别是颜色鲜艳、造型奇特、耐人寻味、富有意境的绿松石原石,已经成为收藏和投资市场上的宠儿(图7.11)。

图 7.11 绿松石原石

二、绿松石的基本性质

① 化学成分：$CuAl_6[PO_4](OH)_8 \cdot 5H_2O$。

② 常见颜色：浅至中等蓝色、绿蓝色至绿色，常有斑点、网脉或暗色矿物杂质。

③ 摩氏硬度：5～6。

④ 光泽：蜡状光泽至玻璃光泽。

⑤ 密度：2.76（+0.14，-0.36）克/厘米^3。

⑥ 多色性：中等至强，蓝绿，黄绿。

⑦ 折射率：1.610～1.650，点测法通常为1.61。

三、绿松石的分类

依据绿松石的颜色和质地，通常将绿松石分为以下几种类型：

1. 瓷松

瓷松的颜色为天蓝色，结构致密，质地细腻，具有蜡状光泽，摩氏硬度较大，为5.5～6。瓷松是绿松石中的上品（图7.12）。

2. 绿色松石

绿色松石呈蓝绿色到豆绿色，结构致密，质感好，光泽强，硬度较大（图7.13）。

3. 铁线松石

铁线松石中的氧化铁线呈网脉状或浸染状分布在绿松石中（图7.14）。一般而言，铁线松石也属于中档的绿

图7.12　瓷松

图7.13　绿色松石

图7.14　铁线松石

松石品种。

但是，如果质地较硬的铁线绿松石中的"铁线"纤细，分布协调，"铁线"相互间能构成美丽自然的花纹和图案效果，并具有一定的美感和寓意，使人浮想联翩，这样的品种也深受人们的喜爱。

4.泡松（面松）

泡松（面松）是一种月白色、浅蓝白色绿松石。质地疏松，颜色和光泽较差，摩氏硬度较低，为4，手感较轻（图7.15）。因此，泡松是一种低档绿松石。这类绿松石通常需要经过人工处理来提高玉石的质量。

图 7.15　泡松

四、绿松石的鉴定特征

1.仪器鉴定特征

绿松石的鉴定特征主要包括：密度、折射率以及多色性等。测定结果应与绿松石基本性质中的数据相符。

2.肉眼识别特征

借助于放大镜或宝石显微镜，绿松石肉眼识别的主要特征包括：颜色、光泽和透明度等。其中颜色和光泽是鉴定的关键。

（1）颜色　绿松石的颜色主要是浅蓝、蓝绿和绿色，颜色分布较为均匀。但铁线松石在蓝色或绿色的基底上，常有黑色网状或细脉状的纹路分布。这是鉴定铁线松石的关键。

（2）光泽　绿松石常具有蜡状光泽至玻璃光泽。这是鉴定和识别绿松石的重要依据之一。

（3）透明度　绿松石一般不透明。

五、绿松石的基本品质评价

颜色、硬度、质地、块度以及裂纹等是绿松石质量评价的主要指标，其质量等级划分见表7.1。

表7.1 绿松石的质量等级划分（据申柯娅，1998）

等级	质量特征
一级品 （波斯级）	颜色为中等蓝色（天蓝色）且纯正、均匀，质地致密、坚韧、细腻光洁，光泽强、无铁线、无裂纹及其他缺陷，体积（块度）大。但如质地特别优良，即使块度小或较小，也为一级品。满足上述条件，若绿松石表面有一种诱人的蜘蛛网状花纹，也仍为一级品
二级品 （美洲级）	颜色为深蓝色、蓝绿色，质地致密坚韧，光泽较强，铁线及其他缺陷很少，体积（块度）中等。即使体积（块度）大，颜色如为深蓝色，仍只能列于二级品
三级品 （埃及级）	颜色为浅蓝色，质地较坚硬，光泽暗淡，铁线明显，有白脑、白筋、糠心等缺陷，块度大小不等
四级品 （阿富汗级）	颜色为黄绿色，质地较粗糙，光泽暗淡，铁线很多，有白脑、白筋、糠心等明显缺陷

1.颜色

绿松石具有独特的蔚蓝和绿色等颜色。其中以蔚蓝色或天蓝色为最好，深蓝色、蓝绿色次之。对同种颜色而言，颜色分布均匀、纯正，则其价值高。

2.硬度及质地

硬度和质地是评价绿松石质量的重要指标。一般而言，硬度高的绿松石，其质地致密。因此，就绿松石的硬度和质地而言，瓷松的品质高于铁线松石，而泡松的质量最差。

3.块度

对品质较高的绿松石，一般情况下，在颜色、质地、裂纹等质量因素相同的条件下，绿松石的体积（块度）越大，价值也就越高。

4.裂纹

裂纹的存在对绿松石的质量有较大影响。一般而言，裂纹越小，分布越少，绿松石的质量就越高。

六、绿松石的形成与产地

（一）形成

绿松石主要形成于沉积岩中。赋存的母岩常为泥岩、页岩和板岩。

（二）产地

1.我国绿松石的主要产地

我国绿松石的主要产地包括湖北、安徽、河南、陕西和新疆等地。

（1）湖北绿松石　湖北绿松石质地较为纯净、结构致密、色泽鲜艳，颜色多为天蓝、海蓝、粉蓝以及翠绿、深绿和粉绿等，在蓝色或绿色的基底上，常伴有少量白色细纹和褐黑色铁线，结构致密，蜡状光泽，多属"瓷松"或硬绿松石。湖北十堰市的郧阳区和竹山县是我国绿松石的最主要产地之一。

（2）安徽绿松石　安徽马鞍山地区绿松石主要产自大黄山、丁山、凹山一带。产出的绿松石颜色多为浅蓝色和蓝绿色。

值得一提的是，在安徽马鞍山地区也产出一种"假象绿松石"。所谓的假象绿松石是指绿松石交代了岩浆岩中的磷灰石矿物，保留了磷灰石的六边形晶形（图7.16），从而形成具磷灰石六边形假象的绿松石，因而命名为"假象绿松石"。

假象绿松石矿体常和结核状、细脉状绿松石矿体共存于大王山组的岩浆岩中。

假象绿松石具有较高的鉴赏与收藏价值。因为产出具有磷灰石假象的绿松石产地很少，世界其他地区未见报道。

假象绿松石在宝石矿物学中具有很高的研究价值。

（3）河南淅川绿松石　河南淅川绿松石主要产于淅川县大石桥乡刘家坪、黄庄云岭岗、小草峪北及宋湾一带。淅川绿松石颜色常呈翠绿、淡绿色，部分淡天蓝色。

（4）陕西秦岭绿松石　陕西绿松石主要产于白河、安康及平利三地。陕西绿松石色彩艳丽，有天蓝、蓝绿、苹果绿及灰绿等色，质地细腻、微透明。可制作成各类装饰品、工艺品及观赏石等。

（5）新疆哈密绿松石　新疆哈密绿松石产于新疆哈密的天湖一带。绿松石矿体呈透镜状、细脉状和结核状。据报道，该地曾产出宝石级绿松石，结核状绿松石的直径最大可达10～45厘米，一般为5～9厘米，玉石的颜色为浅蓝至草绿色。

2. 世界绿松石的主要产地

（1）波斯绿松石　波斯绿松石产于伊朗，颜色呈现天蓝色，颜色美丽，质地细腻，光泽强，呈油脂光泽。波

图7.16　假象绿松石原石

斯绿松石属"瓷松"或硬绿松石。在世界上所有绿松石的产地中，波斯绿松石品质较高，属于绿松石中的上品。

部分绿松石属于铁线绿松石，"铁线"呈褐黑色蜘蛛网状分布，称为波斯铁线绿松石。

（2）美国绿松石　美国绿松石产于新墨西哥州、亚利桑那州、科罗拉多州、加利福尼亚州和内华达州等地区。

美国绿松石质量差别较大。质量较好的呈蓝绿色和绿蓝色，较差的颜色为苍白至淡蓝色。美国绿松石常具有颜色丰富的花纹。有的小巧如蜂巢，呈鲜艳的浅蓝色；有的在深蓝色基底上嵌有赭色的细脉；而有的则具有黑红色斑纹。

（3）埃及绿松石　埃及绿松石多呈蓝绿和黄绿色，在浅色的底子上有深蓝色的圆形斑点。虽然质地较细腻，但颜色较差。

七、绿松石的鉴赏与投资

在鉴赏和投资、收藏绿松石时，第一要考虑颜色，绿松石最好的颜色是天蓝色，其次为蓝绿色；而且颜色要鲜艳、饱满、纯正。

第二，透明度要高。大多数绿松石透明度较差，为不透明。半透明的绿松石质量较好。而最具收藏和投资价值的是呈透明状的绿松石。这种绿松石虽然个体较小，但仍然具有很高的收藏价值。

第三，在满足上述两点后，颗粒或块度越大，其收藏和投资价值越高，升值的潜力也就越高。

第四，对于品质非常好、价值较高的绿松石，最好是配有权威机构签发的宝石鉴定证书。

在收藏绿松石时，特别要注意的是：市场上有些绿松石是经过充填处理和染色处理的，在收藏和投资上一定要谨慎。特别是对于档次高、价值昂贵的绿松石，根据个人的需要，必要时要通过权威的专业检测机构进行专门的检测，以防投资的失误和资金的损失。

充填处理的绿松石，通常在绿松石的表面注入无色或有色塑料或加有金属的环氧树脂等材料，以弥合绿松石的裂隙，使质地疏松的绿松石变得致密，或改善绿松石的光泽等。充填绿松石的特点是密度低，热针在裂隙处试验可见有机物熔化现象，放大检查可见充填处有细小的气泡存在等。

染色处理绿松石，是指将无色或浅色的颜色较差的绿松石材料染色成蓝色、蓝绿至绿色，以改善绿松石的颜色品级。与大多数处理玉石的特点相似，放大检查可见蓝色或绿色染料沿裂隙分布，裂隙两侧颜色浓度较高。

绿松石作为一种传统的玉石品种，在收藏与投资市场上占有一席之地，其收藏和投资前景方兴未艾。在2016年香港苏富比珠宝翡翠秋季拍卖会上，一枚名为"月亮女神"的梵克雅宝（Van Cleef&Arpels）胸针（图7.17），系绿色绿松石配钻石而成，钻石总重约为1.8克拉，最终成交价为475 000港币。

图7.17　绿色绿松石"月亮女神"胸针

第三节　国之瑰宝——独山玉

一、独山玉的历史和文化简介

独山玉作为我国的三大名玉之一，因产于我国河南省南阳市郊的独山而得名。又名"南阳玉"和"独玉"。

独山玉在我国具有悠久的历史和文化，在历代玉文化中都占据重要地位。据南阳市黄山出土的新石器时期的文物史料考究，早在六千多年前的新石器时代，人们就开始利用和雕琢独山玉。河南安阳殷墟妇好墓中就有独山玉制品。1959年在南阳黄山出土的新石器时代的玉器中就有用独山玉制成的玉铲、玉璜。

秦汉时期，独山玉已被大规模开采，同时成为佩戴和陪葬的器物。被发掘出土的永城市芒砀山西汉梁王墓中的金缕玉衣即为独山玉所制。

现陈列于北京北海公园团城的国之瑰宝——元代"渎山大玉海"（又名大玉瓮）（图7.18），高0.7米，口径1.35～1.82米，最大周长4.93米，重3500千克。"渎山大玉海"体外雕有波涛汹涌的大海和生于海中的海龙、海马、海猪、海鹿、海犀、海螺等，形态各异，栩栩如生，所用玉料为河南独山玉。

从1993年开始，每年一届的中国南阳国际玉雕节在玉雕重镇南阳镇平举行。南阳国际玉雕节的成功举办，

图 7.18 元代"渎山大玉海"

图 7.19 独山玉雕艺术品

等20个省、市、自治区的28家矿山公园参加评审。南阳独山玉矿山公园作为河南唯一的代表参加并顺利通过专家评审。

独山玉色泽鲜艳,质地细腻,透明度和光泽好,硬度高。独山玉雕艺术品更是以其精美的设计、精湛的工艺、丰富的色彩、优良的玉质,深受玉石收藏者和投资者的青睐(图7.19)。

二、独山玉的基本性质

① 玉石矿物名称:黝帘石化斜长岩。

② 矿物组成:斜长石(钙长石)、黝帘石等。

③ 常见颜色:白色、绿色、紫色、蓝绿色、黄色、黑色。

④ 光泽:玻璃光泽。

⑤ 摩氏硬度:6～7。

⑥ 密度:2.70～3.09克/厘米^3。一般为2.90克/厘米^3。

不仅吸引了大量的中外玉石收藏者和投资者前来洽谈业务,商讨合作事宜,而且也将我国著名的独山玉雕艺术品推向了全国,甚至走出了国门,去往世界各地。

2005年7月首批国家矿山公园评审会在北京举行。河南、河北、广东

⑦ 折射率：1.56～1.70。

⑧ 放大检查：纤维粒状结构，可见蓝色、蓝绿色或紫色色斑。

三、独山玉的分类

独山玉依据其颜色，可分为以下几种类型：

1.白独玉

白独玉是独山玉中最常见的品种之一。其颜色主要有透水白、白、干白等颜色。玉石光泽常为玻璃光泽至油脂光泽，玉质细腻，呈半透明至微透明（图7.20）。

图 7.21　绿独玉原石

3.青独玉

青独玉的颜色主要有青色、灰青、蓝青色和青蓝色等（图7.22）。玉石光泽常为玻璃光泽，呈半透明至微透明。青独玉，特别是天蓝色、青蓝色独玉少见。

图 7.20　白独玉

2.绿独玉

绿独玉的颜色主要为绿色或蓝绿色（图7.21）。绿色分布不均匀，玻璃光泽，半透明。绿独玉，特别是翠绿色独玉较为少见。

图 7.22　青蓝色独玉

4. 紫独玉

紫独玉的颜色常为酱紫色（图7.23）。玉石常呈玻璃光泽。

图7.23　酱紫色独玉

5. 黄独玉

黄独玉的颜色常为棕黄、紫黄、黄绿色等（图7.24）。玉石光泽常呈玻璃光泽。

图7.24　黄绿色独玉

6. 红独玉

红独玉的颜色常为芙蓉色或粉红色等（图7.25）。玉石光泽常为玻璃光泽。

图7.25　芙蓉色独玉

7. 黑独玉

黑独玉的颜色常为黑色或墨绿色（图7.26）。玉石光泽常为玻璃光泽，不透明。

图7.26　黑独玉

8. 花独玉

花独玉的颜色常为白、绿、蓝、褐、紫等多种颜色的共存，颜色分布不均匀，浓淡不一（图7.27）。花独玉较为常见，大多数独玉均属于花独玉。

图 7.27　花独玉

四、独山玉的鉴定特征

1.仪器鉴定特征

独山玉的仪器鉴定特征主要包括：密度、折射率、内部结构等。测得的密度、折射率应与独山玉基本性质中的数据相符合。

独山玉具有典型的"纤维粒状结构"。该结构是鉴别独山玉的主要依据之一。

通常所谓的纤维粒状结构，就是指独山玉中的黝帘石交代斜长石的现象。在显微镜下常可见到黝帘石沿着斜长石矿物的边缘、解理或裂理对其进行不同程度的交代，从而使斜长石表现为粒状或纤维状的形态。

2.肉眼识别特征

独山玉的肉眼识别特征主要包括：

（1）光泽　光泽较强，一般为强玻璃光泽。

（2）颜色　大多数独山玉均表现为绿色、白色和多种颜色的花色。

（3）透明度　由于组成独山玉的矿物颗粒一般均较粗，因此，独山玉的透明度一般为半透明。

（4）质地　借助于10倍放大镜观察独山玉时，常可见到独山玉矿物颗粒的密集组合。颗粒呈不规则状，颗粒间边界清晰，这就是独山玉"粒状结构"的表现。粒状结构是识别独山玉的特征标志之一。

五、独山玉的基本品质评价

独山玉基本品质评价要素主要包括颜色、质地、透明度、瑕疵和块度等，其质量等级标准见表7.2。质量评价的首要因素是颜色、质地和透明度。

表7.2　独山玉的玉料质量等级标准

品种	等级	等级标准
翠绿 蓝绿 天蓝 红色	特级	颜色纯正鲜艳，色调丰满均匀，半透明至透明，玻璃光泽至油脂光泽，质地细腻致密，无绺裂，无白筋，无杂质，无干白石花，块重20千克以上

续表

品种	等级	等级标准
纯绿 深天蓝 绿白 透水白	一级	颜色纯正鲜艳,色调分布均匀,微透明至半透明,玻璃光泽,质地细腻致密,无绺裂,无杂质,无干白石花,块重10千克以上
白 乳白 绿白 绿色	二级	颜色均匀,质地细腻,色泽鲜艳,微透明至半透明,玻璃光泽,基本无绺裂,无杂质,可含有少量石筋及干白的石花,块重5千克以上
干绿白 青紫黄 及其他色	三级	色泽较鲜艳,质地细腻,微透明至不透明,水头差,允许有绺裂、杂质及干白筋存在,可有少量其他色斑。块重3千克以上
杂色 黑色 墨绿色	四级	色泽一般,质地致密,微透明至不透明,水头差不足,玻璃光泽,允许一定绺裂、杂质及干白筋存在。块重无一定要求,一般2千克以上

1.颜色

独山玉的颜色以翠绿色、天蓝色和红色为最好。颜色纯正鲜艳,且分布均匀,无杂色夹杂者为上品。

但是,独山玉中的花玉,如果各种颜色的搭配合理协调,又能构成形似山水、国画般的美丽图案,构成图案石,则其收藏和鉴赏价值会大大提高。

2.质地和透明度

通常情况下,独山玉的质地越细腻,透明度越高,其价值越高。

3.瑕疵

独山玉中的瑕疵主要表现为细小的绺裂、石花、石筋等,这些瑕疵会影响玉石的纯净度,进而影响玉石的品质。石花、石筋通常是一些细小的杂质矿物,形似细小的花朵或"筋"状。

独山玉中瑕疵越少越好。

4.块度

独山玉通常块体较大,但对不同颜色等级的独山玉,其质量的等级要求也不同(见表7.2)。

六、独山玉的鉴赏与投资

1.颜色

在鉴赏和投资、收藏独山玉时,首先考虑独山玉的颜色。独山玉的颜色以绿色、天蓝色和红色为最佳。投资价值也最高。

2. 质地和透明度

质地细腻、呈半透明的独山玉，其收藏和投资价值较高。

3. 块度

由于独山玉的产量较大，一般玉石的块度较大。因此，在收藏和投资上，应尽量投资质量较高、块度和重量较大的独山玉为佳。

4. 雕工

与辽宁岫玉相似，河南南阳的独山玉通常体量也较大，因此，对于独山玉玉雕作品，玉雕的工艺和设计则显得尤为重要。上乘的独山玉雕件，首先应雕工细腻精湛，造型设计栩栩如生，设计图案等符合传统的中国文化中的吉祥、富裕、长寿等寓意元素，使人能产生感官的第一美感。

5. 图案

图案是对独山玉中的花独玉而言的。花独玉由于其颜色和成分的差异，常构成美丽的花纹和富有寓意的图案。这种花独玉经打磨抛光后，花纹和图案会更加清晰、逼真。将此类花独玉常称为独玉图案石。

对独玉图案石，要求图案应在"形"和"神"方面，相似于自然界的人物、动物、山水、花鸟等，"形似"和"神似"兼备者，其收藏和投资价值较高。

值得一提的是，在收藏独玉图案石时，首先应强调玉石的图案效果。而对于玉石的质地等则不必强求。

第八章

我国四大名石的鉴赏与投资

我国的四大名石包括福建寿山石、浙江昌化鸡血石、浙江青田石和内蒙古巴林石。

第一节　福建寿山石

一、寿山石的历史与文化简介

寿山石因产于福建省福州市北约40公里的寿山乡而得名,是我国三大著名印章石之一,也是我国国石候选石之一。寿山石雕在国际上享有很高的声誉(图8.1)。

图8.1　寿山石雕

寿山石是我国传统石雕艺术宝库中一颗璀璨的明珠,具有悠久的历史和文化。在古代,寿山石常用作帝王将相的殉葬品,具有较高的地位。1954年,在福州一座南朝时代的墓葬中曾出土寿山石所制作的"石猪"。

寿山石中的珍品——田黄石闻名遐迩。以田黄石制作的玉玺,在我国古代历来就是皇权和地位的象征。

在我国清代时期,福建寿山所产出的田黄石已成为该地进贡朝廷的贡品。清代皇帝取福州寿山乡田黄石的福、寿、田三字预示吉祥之意,用以祭祖。

田黄石是寿山石中的极品,自古就有"一两田黄三两金"之说,其珍贵程度可见一斑。田黄石素有"石中之王"的美誉,寓有"福寿田丰"之意。

"上伴帝王将相,中及文人雅士,下亲庶民百姓。"寿山石与名人雅士有着不解之缘。大文豪郭沫若先生曾题诗:"根在八闽,钟情寿石"。

随着寿山石的不断开发和利用,逐渐形成了独具特色的寿山石文化。寿山石雕更是融合了历史、书法、绘画和各种宗教文化的思想精髓,精湛的雕刻工艺折射出中华文化的博大精深,已经成为收藏和鉴赏界竞相追逐的高档玉石品种之一。

二、寿山石的基本性质

① 矿物（岩石）名称：主要矿物为地开石、高岭石、珍珠陶土、伊利石、叶蜡石等。

② 化学成分：多种矿物集合，其中地开石结构简式为 $Al_4(Si_4O_{10})(OH)_8$。

③ 常见颜色：常为黄、白、红、褐等色。其中产于中坂田中的各种黄、红、白、黑色田坑石称为"田黄"。

④ 光泽：土状光泽，抛光面呈蜡状光泽或油脂光泽。

⑤ 摩氏硬度：2～3。

⑥ 密度：2.5～2.7克/厘米^3。

⑦ 折射率：1.56（点测法）。

⑧ 放大检查：致密块状构造，隐晶质至细粒状呈显微鳞片状结构，其中田黄或某些水坑石常具特殊的"萝卜纹"状条纹构造。

三、寿山石的分类

通常寿山石按其产出状态一般可分为"田坑""水坑"和"山坑"三大类。目前产出的寿山石以山坑石为主。

（一）田坑石

田坑石是指产于福建福州寿山溪的坑头支流水田内砂砾层中的寿山石。田坑石深埋于水田或溪流底部1～2米的砾石层中。

田坑石称为"田黄"。田黄的主要品种包括田黄冻、田黄石（银裹金、金裹银）、白田石、红田石、黑田石等。

通常所谓的田黄，是指狭义的田黄石，也即田黄冻。其质地极其细腻，呈现半透明的"肉冻状"（图8.2）。

图8.2 田黄冻

田黄石质极温润，微透明或半透明，肌里隐隐可现类似"萝卜纹"状的细纹和"红筋"。"红筋"是指沿岩石节理裂隙充填的红色细脉，系铁质（主要是Fe_2O_3）沿岩石的裂隙渗透充填所致。故有"无纹、无皮、无格不成田"之谓。

田石按产出地点和位置的不同，可分为上坂、中坂、下坂和礁下坂。上坂亦称溪坂，产出位置离寿山石矿近，产出的田黄石呈淡黄色，透明度高。紧接着是中坂，产出的田黄石颜色浓而嫩，质地细腻，呈冻地，为标准田黄。下坂，石色如桐油，油脂光泽强。礁下坂靠近礁下，石色黑暗，质硬而粗。

（二）水坑石

水坑石产于寿山乡东南部位于潜水面之下坑洞中的寿山石。呈白、黄、红、灰蓝及黄白相间的颜色。

水坑石的特点是：质地较坚硬、透明度高，常呈蜡状光泽至油脂光泽。

（三）山坑石

山坑石是指产于福州寿山、月洋两乡方圆约十公里的原生矿中的寿山石。

山坑石的特点是：无"萝卜纹"和石皮，颜色内外一致。透明度较低。

四、寿山石的鉴定特征

1. 仪器鉴定特征

寿山石的鉴定特征主要包括：密度、折射率。测定的密度和折射率应与寿山石基本性质中的数据相符。

2. 肉眼识别特征

（1）颜色 寿山石通常呈现黄、白、红、褐等色。这种颜色特征是肉眼识别寿山石的直接依据。

（2）内部纹理 寿山石中的田黄石内部常见细密的"萝卜纹"和"红筋"（图8.3）。

值得一提的是，目前市场上出现了优化处理的寿山石，特别是处理过的田黄石。肉眼识别处理田黄的主要特点是：

① 染色处理 用蒸煮或罩染等方法将寿山石染成黄色或红色至暗红色，以仿"田黄"。其颜色沉淀集中于裂隙或孔洞中，无"萝卜纹"。

② 覆膜处理 用黄色石粉与环氧树脂混合调匀，涂染于表面，制成假石皮，以仿"田黄"。其表面光泽异常，易具擦痕，刮下石粉呈黄色，石质较干燥，无"萝卜纹"。

图8.3 田黄石内部的"萝卜纹"和"红筋"

对于上述2种处理品的识别特点，应仔细观察，多逛玉石市场，多参加石展，多与石友交流，多积累实践经验，方能做到游刃有余，胸有成竹，从而成为鉴赏与收藏的"赢家"。

（3）质地和透明度　寿山石的质地较为细腻，呈半透明度至不透明。寿山石中的田黄石质地极温润，微透明或半透明。

（4）光泽　寿山石一般呈现蜡状至玻璃光泽。

五、寿山石的基本品质评价

寿山石的品质评价主要包括颜色和质地等。

1. 颜色

寿山石的颜色以田黄石的黄色为最佳。同时，要求颜色应分布均匀，无杂色。

2. 质地

优质寿山石的质地要求致密坚硬、细腻，呈半透明的冻地。

六、寿山石的鉴赏与投资

寿山石属于一种高档的玉石。特别是其中的田黄。因此，在鉴赏和投资、收藏寿山石时，在条件允许的前提下，首先要考虑颜色和种类。黄色的田黄无疑是首选，其次是"金裹银"和"银裹金"等。但就目前的市场行情看，优质的田黄资源极其稀少，市场价值异常高涨。建议收藏者和投资者根据自己的实际情况进行购买，避免跟风追涨。

由于田黄石的价格昂贵，建议收藏和投资者对品质上乘、价格高昂的田黄石，在收藏时，根据需要，通过专门权威的珠宝玉石检测机构进行检测和评估，以避免风险，防止投资失误。

其次，质地细腻、半透明冻地的寿山石收藏价值较高。

再次，块度。寿山石一般块度较大。收藏时应尽量考虑重量较大的寿山石。但颜色和质地均较好的寿山石，其块度虽小，价值也很昂贵，应根据自身的实力进行收藏。

第二节　浙江昌化鸡血石

一、鸡血石的历史与文化简介

浙江鸡血石产于浙江省临安市昌化的玉岩山，是我国特有的珍贵玉石品种之一，素有"印石皇后"的美誉。

鸡血石含有颜色如鸡血红色的辰砂矿物，故而得名。鸡血石是我国特有的一种十分珍贵的印章和玉雕材料

（图8.4）。鸡血石以其罕见的鲜艳血红色、独特的质地与青田石、寿山石并列为印章石三宝，其收藏价值远高于实用价值。

图8.4　昌化鸡血石雕件

昌化鸡血石的开采历史最早可追溯到春秋战国时期，繁盛于明清时期。新中国成立后，曾主要作为提炼汞的矿石原料。

1972年9月，中国与日本建交时，周恩来总理以一对鸡血石印章作为国礼馈赠前日本首相田中角荣。从此以后，在收藏界掀起了鸡血石收藏和购买的热潮，至今不衰。

二、鸡血石的基本性质

① 矿物（岩石）名称："血"主要矿物为辰砂；"地"主要矿物为地开石、高岭石、叶蜡石、明矾石等。

② 化学成分：多种矿物集合，其中辰砂为HgS。

③ 常见颜色：由"血"和"地"两个部分组成。"血"呈鲜红、朱红、暗色等红色，由辰砂的颜色、含量、粒度及分布状态决定。氧化后会变黑。"地"常呈白色、灰白、灰黄白、灰黄、褐黄等色，由地开石、高岭石等黏土矿物的颜色、含量、粒度及分布状态决定。

④ 光泽：土状光泽，蜡状光泽至玻璃光泽。

⑤ 摩氏硬度：2.5～7。

⑥ 密度：2.53～2.74克/厘米^3。

⑦ 折射率："地"1.53～1.59（点测法），"血">1.81。

⑧ 放大检查："血"呈微细粒或细粒状，成片或零星分布于"地"中。

三、鸡血石的分类

鸡血石依据其"地"的矿物组成、硬度以及透明度等，可分为以下四种类型：

1. 冻地鸡血石

其"地"主要由地开石、高岭石组成，质地细腻湿润，透明度好，光泽强，摩氏硬度低（2～3）。就质地而言，冻地鸡血石属于最好的品种。

2. 软地鸡血石

其"地"的矿物组成除地开石、高岭石外，还含有少量的明矾石等，质地细腻，微透明或不透明，摩氏硬度较小（3~4）。该类鸡血石最为常见，约占70%。

3.刚地鸡血石

其"地"主要由弱至强硅化的地开石、高岭石、明矾石组成，质地稍粗糙，微透明，摩氏硬度较高（4~6）。

4.硬地鸡血石

其"地"为硅化的火山岩，质地粗糙，呈灰、白色，摩氏硬度高于刚地（6~7）。

四、鸡血石的鉴定特征

（一）仪器鉴定特征

鸡血石的鉴定特征主要包括：密度和折射率。测定的密度和折射率应与鸡血石基本性质中的数据相符。

（二）肉眼识别特征

1.颜色分布

在鸡血石中，通常"血"呈微细粒或细粒状，成片或零星分布于"地"中。鸡血石"地"和"血"的颜色分布特征是肉眼识别鸡血石的最重要标志之一。

在商业上，通常鸡血石按照"血"的含量与分布，大致有以下四种俗称。

（1）大红袍 大红袍是指含"血"量大于70%，肉眼观察几乎全红，"血"色分鲜红、大红两种。该品种罕见，价值昂贵（图8.5）。

图8.5 "大红袍"鸡血石

（2）红帽子 红帽子是指方章、对章、古印章和屏风等鸡血石成品。其特征是上部为全红色，形似红色帽子，其含"血"量占成品的13%左右，品种较稀少。

（3）刘、关、张 "刘、关、张"是指"血"和"地"具有红、黑、白三色相间的鸡血石，常见于方章或工艺品中，以方章居多。白色代表刘备，红色代表关羽，黑色代表张飞。故称"刘、关、张"。此品种稀少。

（4）水草花 水草花鸡血石是指在鸡血石浅灰白等地子上分布有黑色或深灰色松枝状花纹，并伴有点滴状的"血"。此品种为收藏之佳品。

2.光泽

鸡血石具有土状光泽，或蜡状光泽至玻璃光泽。

3.质地

鸡血石的质地一般不透明，硬度较低，细腻度较差。

五、鸡血石的形成与产地

1.形成

鸡血石的成因属于变质成因。主要产于交代蚀变的酸性火山岩中。

2.产地

鸡血石在我国主要有两个产地。一是产于浙江省临安市昌化区上溪乡的玉岩山，因此又称为"昌化鸡血石"。另一产地是内蒙古巴林右旗，因此又称为"巴林鸡血石"。

六、鸡血石的基本品质评价

鸡血石的品质评价主要包括颜色和质地等。

1.颜色

一般而言，鸡血石的"血"色含量越高、颜色越浓、色调鲜艳为上品（图8.6）。通常"血"含量大于30%者为高档品，大于50%者为精品，大于70%者为珍品。

鸡血石的颜色以"血"色含量在70%以上的大红袍为最佳。同时，要求颜色应分布均匀，无杂色。

图8.6 昌化鸡血石玉雕品

2.质地

优质鸡血石的质地要求致密、细腻，呈半透明至微透明的冻地。

七、鸡血石的鉴赏与投资

鸡血石属于一种高档的玉石。自古以来，就是收藏和鉴赏的佳品。

在鉴赏和投资、收藏鸡血石时，在条件允许的前提下，第一要考虑颜色和种类。优质的冻地鸡血石和大红袍无疑是首选。但就目前的市场行情看，优质的鸡血石资源极其稀少，市场价值异常高涨。建议收藏者和投资者根据自己的实际情况进行购买，避免跟风追涨。

特别值得指出的是，鸡血石因资源稀缺，价格高昂，故市场上可能存在染色和覆膜处理的品种。

染色处理的鸡血石通常是将红色颜料或辰砂粉充填于颜色较差的巴林石裂隙或凹坑中，以增加"血"色含量，以次充好。染色品的识别特征为：肉眼可见"血"颜色单一，多沿裂隙或凹坑分布，染料颗粒无固定的形态。

覆膜处理的鸡血石通常是用辰砂粉或红色颜料与胶混合，涂于颜色较差的巴林石表层，以增加"血"色。染色品的识别特征为：肉眼可见"血"色飘浮于透明层中，10倍放大镜下偶见表层具有涂刷的痕迹。

由于鸡血石的价格昂贵，建议收藏和投资者对品质上乘、价格高昂的鸡血石，在收藏时根据需要，通过专门权威的珠宝玉石检测机构进行检测和评估，以避免风险，防止投资失误。

第二，质地。质地细腻、半透明冻地的鸡血石收藏价值较高。

第三，块度。鸡血石一般块度较大。收藏时应尽量考虑块度较大的鸡血石。但颜色和质地均较好的鸡血石，其块度虽小，价值也很昂贵，应根据自身的实力进行收藏。

第四，图案石。如果鸡血石的"血"色含量较少，呈斑点或星点状分布，但其"地"的乳白色与其他黑色、灰黑色等杂色能够搭配协调，分布错落有致，构成清晰、美丽的图案或自然景观等，即为"图案鸡血石"。这种"图案鸡血石"则具有较高的收藏和投资价值。

值得一提的是，在收藏图案鸡血石时，重点应关注鸡血石的颜色搭配、图案的清晰度以及块体的大小等，而对于其"地"色的含量以及质地的优劣则可不必过分强求。

第三节　浙江青田石

一、青田石的历史与文化简介

青田石因产于浙江省青田县而得名，是中国篆刻用石最早之石种，也是中国历史上著名的石雕材料之一。青田石质地温润脆软，色彩斑斓，易于雕刻。

青田石雕是我国传统石雕艺术宝库中一颗璀璨的明珠，历史悠久。青田石雕始于六朝，距今已有1500多年的悠久历史。现存于浙江省博物馆的六朝时期殉葬用的小卧猪石雕就是用青田石雕刻而成的。在我国清代，青田石雕已成为上缴朝廷的贡品。现存北京故宫博物院的"马衡"章，就是用青田石制作而成（图8.7）。

早在1915年的美国旧金山"巴拿马太平洋博览会"上，青田石曾荣获银质奖章。

青田石也曾作为国礼赠送许多外

国国家元首，特别是1972年美国总统尼克松访华时周恩来总理赠送的青田石雕，成为中华文明的象征和中美友谊的历史见证。

1992年原邮电部发行了一套名为《青田石雕》的特种邮票（图8.8）。该特种邮票1套4枚，名称分别为春、高粱、丰收和花好月圆。

青田石雕以其悠久的历史、深厚的文化底蕴而博得收藏者和鉴赏者的喜爱。郭沫若曾有诗云："青田有奇石，寿山足比肩，匪独青如玉，五彩竟相宜。"

图8.7　青田石"马衡"章

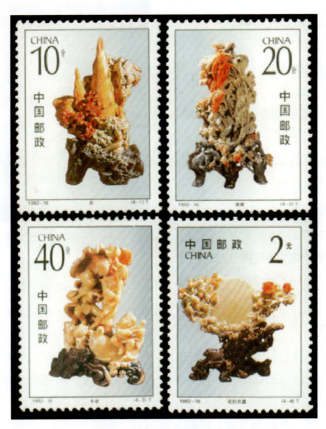

图8.8　《青田石雕》特种邮票（1992年发行）

二、青田石的基本性质

① 矿物（岩石）名称：主要矿物为叶蜡石、地开石、高岭石等。

② 化学成分：多种矿物集合，其中叶蜡石的化学式为 $Al_2(Si_4O_{10})(OH)_2$。

③ 常见颜色：浅绿、浅黄、白色、灰色等。

④ 光泽：玻璃光泽，块状呈油脂光泽。

⑤ 摩氏硬度：1～1.5。

⑥ 密度：2.65～2.90克/厘米^3。

⑦ 折射率：1.53～1.60。

⑧ 放大检查：致密块状，可含有蓝色、白色等斑点。

三、青田石的分类

青田石依据不同的分类依据，有许多品种。本书主要介绍青田石依据其质地和透明度等的分类，通常包括以下两种类型：

（一）普通青田石

普通青田石是指质地致密细腻、颜色艳丽、光泽强，但透明度较差的青田石。青田石中的大多数属于普通青田石。

（二）青田冻

青田冻即"冻石"。青田冻最大的特点是其质地细腻致密，透明度较高，呈微透明至半透明，质地呈现肉冻状、果冻状或凝脂状。其颜色丰富、鲜艳，玻璃光泽强。

青田冻的品种很多，但其中最为著名的品种有：

1. 灯光冻

青田冻中质地细腻、温润，灯光下呈半透明至透明，微黄色的品种，称为"灯光冻"，又称"牛角冻"（图8.9）。

图 8.9　灯光冻

2. 五彩冻

颜色丰富多彩、质地细腻、半透明的青田石称为"五彩冻"（图8.10）。

3. 封门青

青田冻中颜色呈竹叶般的翠绿色，且质地细腻、半透明至透明的品种称为"封门青"（图8.11），又称"凤凰青"。因产于青田县的封门山而得名。

4.黄金耀

"黄金耀"是青田石中名品,与灯光冻齐名。黄金耀的最大特点是颜色呈鲜艳的黄色,质地纯净温润(图8.12)。黄金耀十分稀少,因此一直被视为珍宝。

图 8.10　五彩冻

图 8.12　黄金耀

图 8.11　封门青——《青田石雕》特种邮票中的"花好月圆"(左)和"丰收"(右)

四、青田石的鉴定特征

（一）仪器鉴定特征

青田石的鉴定特征主要包括：密度和折射率。测定的密度和折射率应与青田石基本性质中的数据相符。

（二）肉眼识别特征

青田石的肉眼识别特征主要包括：

1. 颜色及其分布

青田石的颜色主要呈现浅绿、浅黄和灰色等。同时可含有蓝色、白色等斑点。这种颜色及其分布特征是肉眼识别青田石的最重要标志之一。

2. 光泽

青田石具有玻璃光泽。玻璃光泽是肉眼识别青田石的辅助依据之一。

3. 质地

青田石的质地一般不透明至微透明，硬度较低，细腻度不高。

4. 硬度

青田石摩氏硬度较低，通常为1～1.5，使用小刀即可刻划。尽管硬度是识别青田石的依据之一，但刻划具有破坏性，应慎重使用。

五、青田石的成因

青田石主要形成于变质的中酸性火山岩——流纹质凝灰岩、流纹质火山碎屑岩中。其形成原因属于变质成因。

六、青田石的基本品质评价

青田石的品质评价主要包括颜色、质地、裂隙和块度等。

1. 颜色

一般就颜色而言，青田石的颜色以淡黄、翠绿、黄绿色为最佳。灰色、灰黄色青田石次之，灰紫、紫色青田石则较差。同时，要求颜色应分布均匀，无杂色。特别是以青田石中的翠绿色封门青、黄色灯光冻和黄金耀等最为著名。

值得一提的是，虽然一般要求青田石的颜色应均匀，无杂色。但颜色丰富多彩、鲜艳，色调搭配协调，质地细腻、半透明至透明的青田石属于青田石中的上品，如五彩冻。

2. 质地和裂隙

优质青田石的质地要求致密、细腻，呈半透明至微透明的冻地且裂隙和杂质越少越好。

3. 块度

青田石的块度一般较大。对于优质青田石而言，其重量和块度越大，其价值也越高。

七、青田石的鉴赏与投资

青田石是一种较为高档的玉石。具有较高的收藏和鉴赏价值。

在鉴赏和投资、收藏青田石时，主要考虑颜色、种类以及质地等。

首先，颜色和种类。颜色鲜

艳、质地细腻的冻地青田石首选封门青、灯光冻和五彩冻。但就目前的市场行情看，优质的青田石资源较为稀少，市场价值较高。建议收藏者和投资者根据自己的实际情况进行收藏。

建议收藏和投资者对品质上乘、价格高昂的青田石，在收藏时根据需要，通过专门权威的珠宝玉石检测机构进行检测和评估，以避免风险，防止投资失误。

其次，质地。质地细腻、呈半透明至微透明冻地的青田石，其鉴赏和收藏价值很高。

再次，块度。青田石一般块度较大。收藏时应尽量考虑重量较大的青田石。但颜色和质地均较好的青田石，其块度虽小，价值也很昂贵，应根据自身的实力进行收藏。

最后，花纹图案石。如果在青田石的地子上分布有褐色、紫色、绿色、灰色等颜色，这些不同色调的颜色与基底搭配协调，分布错落有致，构成清晰美丽的图案或自然景观等，则这种"青田图案石"（图8.13）则具有较高的收藏价值。

图8.13　青田图案石

值得一提的是，在收藏图案青田石时，重点应关注青田石的颜色搭配、图案的清晰度以及块体的大小等，而对于青田石本身的质地，则不必强求。

第四节　内蒙古巴林石

一、巴林石的历史与文化简介

巴林石因产于内蒙古巴林右旗而得名，被誉为"草原瑰宝"。

巴林石具有悠久的历史和文化。红山文化时期出土文物中就有鸟形玉、玉蚕、契丹文印等巴林石制品。传说中被成吉思汗誉为"天赐之石"的，就指的是产于内蒙古的巴林石。

到了清代，巴林石以其细腻的质地、鲜艳的颜色和精良的雕工，而成为朝廷的贡品。

自古以来，巴林石就是文房四宝中印章石的最佳石材之一。巴林印章石历来以其色泽鲜艳、质地细腻温润、受刀感极佳而著称于世。特别是巴林石中的珍品——巴林鸡血石，与浙江昌化鸡血石齐名，享誉国内外，深受文人雅士、投资者和收藏家的青睐。

1997年香港回归祖国，内蒙古自治区政府赠予香港特别行政区政府的"奔马图"，以及1999年澳门回归祖国，内蒙古赤峰市政府赠予澳门特别行政区政府的"玉玺印"，均是用巴林石雕刻而成的。

1997年内蒙古自治区成立50周年时，在内蒙古地质矿产陈列馆展出的鸡血石，重98千克，价值连城。而内蒙古赤峰市巴林右旗的巴林奇石馆的镇馆之宝——巴林鸡血石王，重34千克，其品质极佳（图8.14）。

为了弘扬巴林石文化，扩大巴林石的影响，中国巴林石节于2000年起每年8月在巴林右旗举行。

内蒙古巴林石，特别是巴林鸡血石和巴林福黄石作为传统的高档玉石品种，一直被收藏者和鉴赏者所青睐。

二、巴林石的基本性质

① 矿物（岩石）名称：巴林石的主要矿物为高岭石、地开石、叶蜡石、明矾石等。巴林鸡血石的"血"的主要矿物为辰砂。

② 化学成分：多种矿物集合，其中辰砂为HgS。

③ 常见颜色：朱红、橙、黄、绿、蓝、紫、白、灰、黑色等。巴林鸡血石的"血"主要为鲜红色、朱红色和暗红色等，"地"的颜色以灰白色和黑色为主。

④ 光泽：土状光泽，蜡状光泽至玻璃光泽。

⑤ 摩氏硬度：通常为2～2.5。少数大于3。

⑥ 密度：一般为2.60克/厘米^3。

⑦ 折射率："地"1.53～1.59（点测法）。

⑧ 放大检查：巴林鸡血石中的

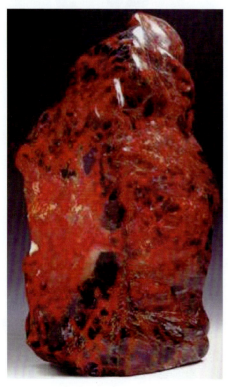

图8.14 巴林鸡血石王

"血"呈微细粒或细粒状,成片状、条带状或零星分布于"地"中。

三、巴林石的分类

内蒙古自治区地方标准DB 15/T 325—2012《地理标志产品 巴林石》,将巴林石定义为以高岭石、地开石为主的黏土岩。把巴林鸡血石定义为含有辰砂的巴林石。

巴林石通常以其颜色和质地等,可分为以下四种类型:

1.巴林福黄石

巴林福黄石颜色呈纯正的黄色,质地细腻温润,半透明(图8.15)。其中黄色可细分为金黄、金鸡黄、黄金黄、黄金冻、橘黄、金包银等。巴林福黄石可与福建的寿山田黄石齐名。

图8.15 巴林福黄石

2.巴林鸡血石

巴林鸡血石以"血"的鲜艳度、浓度和质地等来确定鸡血石的质量和品种。其主要特点是在白色、灰白色基底上部分有红色的血斑、血块和血团等(图8.16)。其主要品种有黄冻鸡血石、黑冻鸡血石、羊脂冻鸡血石。

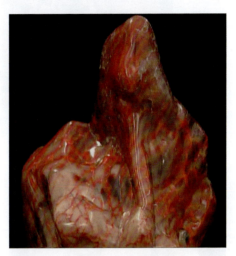

图8.16 巴林鸡血石

3.巴林冻石

巴林冻石是指巴林石中质地细腻温润,呈半透明、凝脂状或"肉冻状"的巴林石,通称为巴林冻石(图8.17)。

通常根据质地的细腻程度,将巴林冻石分为很多品种。其中著名的品种包括:灯光冻、羊脂冻、桃花冻、芙蓉冻、牛角冻、水晶冻、鱼子冻、玛瑙冻、五彩冻等。

4.巴林彩石

巴林彩石(图8.18)颜色丰富、艳丽。经过精心设计、雕琢,把不同颜色的部位雕成不同的动物、植物、景致、人物,神形兼备,形态逼真,惟妙惟肖,深受收藏者的青睐。

图 8.17　巴林冻石

图 8.18　巴林彩石

四、巴林石的成因

巴林石在成因上属于变质成因。矿床类型属于低温火山热液交代型矿床。巴林石的形成是由于火山岩中的流纹岩发生高岭石化、叶蜡石化、硅化、明矾石化和辰砂化等变质作用而形成。

五、巴林石的鉴定特征

1. 仪器鉴定特征

巴林石的鉴定特征主要包括：密度和折射率。测定的密度和折射率应与巴林石基本性质中的数据相符。

2. 肉眼识别特征

巴林石的肉眼识别特征首先是其特征的光泽，其次是其质地，再次为颜色。

（1）光泽　巴林石具有典型的土状光泽、蜡状光泽至玻璃光泽。随着玉石的致密度和细腻度增加，光泽也随之由土状光泽到蜡状光泽，再到玻璃光泽。

（2）质地　巴林石的质地一般不透明，硬度较低。但品质上乘的巴林石则呈现"凝脂般"细腻的冻地。质地较差的巴林石肉眼可见其粒状结构。

（3）颜色　巴林石颜色丰富，除常见的红色、黄色外，还包括橙、绿、蓝、紫、白、灰、黑色等；而巴林鸡血石的"血"主要为鲜红色、朱红色和暗红色等，"地"的颜色以灰白色和黑色为主。

六、巴林石的基本品质评价

巴林石的品质评价主要包括颜色、质地和块度等。

1. 颜色

巴林石中的黄色和红色是巴林石中最好的颜色。其代表的品种即为巴林福黄石和巴林鸡血石，这两个品种是巴林石中的上品。

一般而言，对于巴林石鸡血石，其中的"血"色含量越高、颜色越浓、色调越鲜艳越好。通常"血"含量大于30%者为高档品，大于50%者为精品，大于70%者为珍品。

值得一提的是，呈现不同颜色的巴林彩石，如其丰富鲜艳的色带和纹理，能构成美丽、富有寓意的图案，则其品质大为提高。

2. 质地

优质巴林石的质地要求致密、细腻，呈半透明至微透明的冻地。质地越细腻、透明，且裂隙和杂质越少，巴林石的品质就越高。

3. 块度

巴林石的块度一般较大。对于优质巴林石而言，其块度越大，其价值也越高。

七、巴林石的鉴赏与投资

巴林石属于一种高档的玉石。特别是巴林石中的巴林福黄石和巴林鸡血石深受收藏者和投资者的青睐。

在鉴赏和投资、收藏巴林石时，首先要考虑颜色和种类。金黄色和红色是中国传统的崇尚颜色，优质的巴林福黄石和巴林鸡血石无疑是首选。但就目前的市场行情看，优质的巴林福黄石和巴林鸡血石资源稀缺，市场价值高涨。建议收藏者和投资者根据自己的实际情况进行，避免跟风追涨。

与浙江昌化鸡血石一样，巴林鸡血石也因资源稀缺，价格昂贵，故市场上可能存在染色和覆膜处理的品种。

染色处理的巴林鸡血石通常是将红色颜料或辰砂粉充填于颜色较差的巴林石裂隙或凹坑中，以增加"血"色含量，以次充好。染色品的识别特征为：肉眼可见"血"色单一，多沿裂隙或凹坑分布，染料颗粒无固定的形态。

覆膜处理的巴林鸡血石通常是用辰砂粉或红色颜料与胶混合，涂于颜色较差的巴林石表层，以增加"血"色。染色品的识别特征为：肉眼可见"血"色飘浮于透明层中，10倍放大镜下偶见表层具有涂刷的痕迹。

　　由于巴林福黄石和巴林鸡血石的价格昂贵。建议收藏和投资者在收藏时根据需要，通过专门权威的珠宝玉石检测机构进行检测和评估，以避免风险，防止投资失误。

　　其次，质地。质地细腻、半透明冻地的巴林石收藏价值较高。

　　再次，块度。巴林石一般块度较大。收藏时应尽量考虑块度较大的巴林石。但颜色和质地均较好的巴林石，其块度虽小，价值也很昂贵，应根据自身的实力进行收藏。

　　最后，图案石。图案石是针对巴林彩石而言的。如果巴林彩石上能够出现赋予寓意的花纹图案，则具有较高的收藏和投资价值（图8.19）。

　　在收藏巴林彩石中的图案石时，重点应关注其不同的颜色搭配协调度、图案的清晰度以及块度的大小等，而对于其质地可以不必强求。诚然，质地细腻、图案清晰且赋有寓意的巴林彩石，当为投资和收藏的上品。

图8.19　巴林水草图案石

第九章

著名玉石的鉴赏与投资

第一节　澳大利亚国石——欧泊

一、欧泊的历史与文化简介

欧泊是英文opal的音译，来源于拉丁文opalus，意思是"集宝石之美于一身"。欧泊是具有变彩效应的蛋白石。

国际珠宝界将欧泊和猫眼并列为十月份的诞生石，象征着美好的希望和幸福即将代替忧伤。由于欧泊色彩绚丽，给人以美妙而无穷的想象，所以它也被誉为"希望之石"。在欧洲，欧泊被认为是幸运的代表，古罗马人称其为丘比特美男孩（cupid paederos），是希望与纯洁的象征。罗马学者普林尼把欧泊描述为："红宝石的火，紫水晶的亮紫色，及绿宝石的海绿色，所有色彩不可思议地联合在一起发光。"阿拉伯人认为，欧泊是从闪闪发光的宇宙中掉下来的，这样才获得了他们神奇的颜色。东方人则把它视为代表忠诚精神的神圣宝石。

欧泊用于饰品已有悠久的历史。美国的考古学家Louis Leakey在肯尼亚的一个洞穴中发现了一件6000年前人类最早使用的欧泊饰品。

澳大利亚是世界上欧泊的最主要产地。欧泊已成为澳大利亚的"国石"。澳大利亚的库伯佩迪城享有世界"欧泊之都"的美誉。现藏于美国华盛顿斯密斯博物馆的产于澳大利亚闪电岭的"世界之光"黑欧泊（图9.1），重量为273克拉，为欧泊中的珍品。

图 9.1　"世界之光"黑欧泊

二、欧泊的基本性质

① 化学成分：$SiO_2 \cdot nH_2O$。矿物（岩石）名称：蛋白石。

② 常见颜色：颜色十分丰富，可呈现各种体色。

③ 结晶状态：非晶质体。

④ 摩氏硬度：5～6。

⑤ 光泽：玻璃光泽至树脂光泽。

⑥ 密度：2.15（+0.08，–0.90）克/厘米³。

⑦ 折射率：1.450（+0.020，–0.080），火欧泊可低达1.37，通常1.42～1.43。

⑧ 放大检查：色斑呈不规则片状，边界平坦且较模糊，色斑表面呈丝绢状外观。

⑨ 特殊光学效应：变彩效应，猫眼效应（稀少）。

图 9.2 黑欧泊

三、欧泊的分类

根据欧泊的底色特征，通常将欧泊分为三类：

1. 黑欧泊

黑欧泊是指在黑色、深灰色、蓝色、绿色和棕色基底上表现出强烈变彩效应的蛋白石，是欧泊中最为珍贵的品种（图9.2和图9.3）。优质珍贵的黑欧泊主要产自澳大利亚的新南威尔士州闪电岭。

2. 白欧泊

白欧泊是指在白色或灰色的基底上呈现变彩效应的欧泊（图9.4）。其珍贵程度仅次于黑欧泊。白欧泊是欧泊中最多、最常见的一种。以墨西哥产出的最为著名。

3. 火欧泊

火欧泊又称火蛋白石，是指在红色或橙红色的基底上出现少量变彩效应的蛋白石（图9.5）。大多数火欧泊产自墨西哥。

图 9.3 黑欧泊原石

图 9.4 白欧泊

图 9.5 火欧泊

除此之外，市场上常见的还有欧泊拼合石。

常见的拼合欧泊有二层拼合石、三层拼合石两种，即用胶将质量好的欧泊小片和其他黑色玛瑙、劣质欧泊、无色石英或玻璃等粘在一起，形成一个整体的欧泊。

四、欧泊的鉴定特征

1.仪器鉴定特征

欧泊的鉴定特征主要包括：密度和折射率等。测定的密度和折射率应与欧泊基本性质中的数据相符。

2.肉眼识别特征

欧泊肉眼识别的主要特征包括：变彩效应、颜色分布和光泽等。其中变彩效应和颜色分布是鉴定的关键。

（1）变彩效应　欧泊具有典型特征的变彩效应。这是肉眼识别欧泊的最关键要素。

（2）颜色分布　肉眼或借助于10倍放大镜观察，欧泊的颜色通常呈现色斑状，色斑呈不规则片状，边界平坦且较模糊，表面呈丝绢状外观（图9.6）。不规则片状色斑是肉眼识别欧泊的最重要依据之一。

（3）光泽　欧泊常具有玻璃光泽至树脂光泽。光泽是肉眼识别欧泊的辅助依据。

五、欧泊的基本品质评价

欧泊的基本品质评价要素主要包括颜色（品种）、变彩效应的强弱、瑕疵和粒度等。质量评价的首要因素是

图 9.6　欧泊的色斑

颜色和质地。

1. 颜色

欧泊中以黑色、深灰色和蓝色等为底色的黑欧泊，品质最高。红色、橙黄色等为底色的火欧泊则次之，以白色为底色的白欧泊为最低。

2. 变彩效应的强弱

变彩效应越强则欧泊的品质越高。一般要求欧泊中的色彩变化要丰富，变彩效应遍布整块玉石，最好能呈现出七彩的变彩效应，且七色鲜艳明快。一般而言，欧泊的底色与变彩的颜色对比度越大，变彩效应则越明显。

3. 瑕疵

欧泊中的瑕疵主要表现为细小的裂纹等，这些裂纹均会影响玉石的品质。欧泊中细小裂纹越少越好。

4. 粒度

通常欧泊的粒度较小。同等条件下，欧泊的粒度越大越珍贵。

总之，欧泊的品质评价应综合上述各种要素，进行全面、客观的评价。

六、欧泊的形成与产地

1. 欧泊的形成

澳大利亚的黑欧泊主要产于沉积岩的风化壳中，赋存于石灰岩和黏土岩中。

2. 欧泊的产地

世界上欧泊著名的产地包括：澳大利亚、墨西哥、巴西等。

（1）澳大利亚　澳大利亚是世界上优质欧泊的最主要产地。市场上优质黑欧泊均产自澳大利亚新南威尔士州的闪电岭。澳大利亚的库伯佩迪城享有世界"欧泊之都"的美誉。

（2）墨西哥　墨西哥是世界上白欧泊的主要产地。

（3）巴西　除墨西哥外，巴西也是世界上白欧泊的主要产地。巴西的白欧泊主要产于沉积的砂岩中，质量上乘，产量较大。

七、欧泊的鉴赏与投资

在鉴赏和投资、收藏欧泊时，首先要考虑颜色或品种，欧泊中最好的为黑欧泊，第二为火欧泊，第三为白欧泊。

其次，变彩效应要强。欧泊的底色与变彩的色差越大，则变彩效应越强。这类欧泊具有很高的收藏价值。

再次，在满足上述两点后，欧泊颗粒越大则越稀少和珍贵，因此，其收藏和投资价值越高，升值的潜力也就越高。

最后，对于品质非常好，价值较高的欧泊，在投资和收藏时，最好是藏品要配有权威机构签发的宝石鉴定证书。

在收藏欧泊时，特别要注意的是，市场上有些欧泊是经过充填处理、染色处理和覆膜处理过的，在收藏和投资上一定要谨慎。特别是对于档次高、价值昂贵的欧泊,在收藏和投资时,应多与专业人士或专家请教,或根据个人的需要,必要时要通过权威的专业检测机构进行专门的检测,以防投资的失误和资金的损失。

充填处理的欧泊,通常是在欧泊中注入无色或有色塑料,以改善欧泊的外观。充填欧泊的特点是密度低,约为1.90克/厘米^3,热针在裂隙处试验可见有机物熔化现象,放大检查可见充填处有黑色细纹,有时可见不透明金属小包体等。

染色处理的欧泊,通常是将无色或浅色的颜色较差的欧泊染色成蓝色、蓝绿、黑色至绿色等深色,以改善欧泊的颜色品级,增强欧泊的变彩效应。与大多数处理玉石的特点相似,放大检查可见蓝色或绿色等染料沿裂隙分布,裂隙两侧颜色浓度较高。另外,染色欧泊的遇水会失去变彩,这也是识别染色欧泊的有效方法之一。

覆膜处理的欧泊,通常是在欧泊的底部覆一层黑色膜,以改善和增强欧泊的变彩效应。放大检查可见底部出现部分薄膜的脱落现象。这是识别覆膜欧泊的有效方法。

第二节　佛教七宝之一——玛瑙

一、玛瑙的历史与文化简介

玛瑙是佛教七宝之一(金、银、水晶、琥珀、珊瑚、砗磲及玛瑙)。

玛瑙具有悠久的应用历史和文化,是人类开发和利用最早的玉石之一。据考古发现,我国的南京新石器时代北阴阳营的文化遗址(距今五六千年)发掘出的随葬品中,有许多色彩斑斓的玛瑙雨花石。早在公元前约2500年,古埃人已用玛瑙制作项链。

特别值得一提的是,1970年在陕西省西安市郊出土的唐代兽首玛瑙杯(图9.7)。该玛瑙杯高6.5厘米,长度15.6厘米,口径5.9厘米,是迄今为止唐代唯一一件俏色玛瑙玉雕精品。现存于陕西历史博物馆。

图9.7　唐代兽首玛瑙杯

近年来,玛瑙广泛应用于工艺品、首饰制作等方面。玛瑙色彩绚丽,质地坚硬、细腻。

玛瑙中的纹理有时可以组成山水花卉、人物、动物和文字等图案（图9.8）。有的图案形似水草，妙趣天成，称为水草玛瑙（图9.9）。

图 9.8　图案玛瑙

图 9.9　水草玛瑙

在国际宝石界，玛瑙被誉为结婚10周年的纪念石，又与橄榄石并列为八月诞生石，寓意"生活幸福、和平美满"。

二、玛瑙的基本性质

① 化学成分：SiO_2；可含有Fe、Al、Ti、Mn、V等元素。

② 常见颜色：玛瑙的颜色十分丰富，各种颜色均有。

③ 摩氏硬度：6.5～7。

④ 光泽：油脂光泽至玻璃光泽。

⑤ 密度：2.60（+0.10，−0.05）克/厘米^3。

⑥ 折射率：1.535～1.539，通常点测法1.53或1.54。

⑦ 放大检查：隐晶质结构。

三、玛瑙的分类

依据其同心层状和规则的条带状结构，可将玛瑙分为以下几种：

1. 缠丝玛瑙

缠丝玛瑙是指玛瑙的纹带是由细如游丝的色带组成。色带的颜色主要是红色和白色（图9.10）。其中最为珍贵的缠丝玛瑙以红色为主要体色。

2. 缟玛瑙

缟玛瑙是指玛瑙中的条带主要由黑、白两色构成，色带较宽，且条带间相互平行。缟玛瑙与缠丝玛瑙的最大区别是色带的颜色种类和条纹的宽度。

3. 苔纹玛瑙

苔纹玛瑙因其形态相似于苔藓或水草而得名。其中的"苔藓"主要是绿泥石或氧化锰沿着石体的微裂隙渗透到石体内部，从而构成形似苔藓的玛瑙（图9.11）。

4. 火玛瑙

火玛瑙又称为火炬玛瑙，其主要

图 9.10　缠丝玛瑙及原石

图 9.11　苔纹玛瑙

图 9.12　火玛瑙

特征是：玛瑙整体呈现火红的光泽。条纹的形态呈现火焰状（图9.12）。

火玛瑙呈现火红的光泽，主要是由于其条带层间含有的氧化铁薄片状矿物晶体对光的反射所致。火玛瑙的主要产地为美国和墨西哥。

四、玛瑙的鉴定特征

1. 仪器鉴定特征

玛瑙的鉴定特征主要包括：密度和折射率。测定的密度和折射率应与玛瑙基本性质中的数据相符。

2. 肉眼识别特征

玛瑙的肉眼识别特征主要包括：

（1）光泽　玛瑙具有玻璃光泽。

（2）结构特征　经抛光后的玛瑙，其表面通常具有规则的条纹状、同心环状结构。这是识别玛瑙的最有效依据之一。

（3）质地　玛瑙的质地一般较坚硬、致密、细腻，透明度高，呈现半透明状。

五、玛瑙的形成与产地

1. 形成

玛瑙的形成既有岩浆成因，又有沉积成因。

玛瑙主要产于火山岩裂隙及空洞或沉积岩层和砾石层及现代残坡积的堆积层中。

玉髓成因与玛瑙相同。

2. 产地

玛瑙和玉髓的著名产地有印度、巴西（红玉髓和血石）、俄罗斯、爱尔兰、美国、乌拉圭、埃及、澳大利亚（英卡石）、马达加斯加、墨西哥和纳米比亚等国家。墨西哥、美国和纳米比亚还产有花边状纹带的玛瑙，称为"花边玛瑙"。美国黄石公园、怀俄明州及蒙大拿州也产出有"风景玛瑙"。

我国玛瑙产地分布较广泛，主要有黑龙江、辽宁、内蒙古、宁夏、新疆、西藏、湖北、山东等省、自治区。南京雨花台产出的著名的"雨花石"，即以玛瑙为主。

（1）湖北宜昌　湖北宜昌地区的玛瑙主要产于夷陵区、枝江市。

宜昌玛瑙颜色主要包括红、黄、白、灰、多色和杂色等。其中尤以红玛瑙和多色玛瑙最为珍贵。

（2）辽宁的阜新　辽宁玛瑙的主要产地有阜新市彰武县。该地产出的玛瑙质地细腻，颜色丰富，色泽鲜艳，纹理奇特。除产出红玛瑙、白玛瑙、灰玛瑙和黑玛瑙外，还产出质量上乘、罕见的绿玛瑙和少量的水胆玛瑙。

（3）黑龙江省大、小兴安岭　黑龙江省玛瑙资源较为丰富，主要分布于大、小兴安岭山区。

黑龙江大、小兴安岭的玛瑙颜色丰富多彩，主要有红、紫红、黑、灰白、灰绿、灰蓝及灰白、灰等色，质地坚硬、细腻，块体一般较小。

（4）南京六合　著名的南京雨花石中，大多数是属于玛瑙质雨花石。其产地主要包括南京的雨花台和六合区内的横山、乳山、灵岩山、方山等地。

六、玛瑙的基本品质评价

玛瑙的品质评价主要依据颜色、纹带、质地和特殊包裹体等。其中颜色和纹带是最主要的评价依据。

1. 颜色

玛瑙的颜色以红色、蓝色和紫色等为最佳。其次为褐色和绿色。同时，各色相间，色带分明的玛瑙，其价值较高。

2. 纹带

大多数玛瑙均具同心层状构造。品质高的玛瑙，要求其玛瑙纹带清晰，且呈现规则的同心层状，纹带越细越珍贵。

3. 质地

优质玛瑙的质地要求致密坚硬、细腻，呈半透明。

4. 特殊包裹体

如果玛瑙中含有水和气泡包裹体，而构成所谓的"水胆"玛瑙，其价值会大大提高，远大于普通玛瑙。

玛瑙中的"水胆"是一种气液两相包裹体，气泡浮于其中，晃动宝石，气泡和水珠也随之晃动，因此取名水胆。

总之，对玛瑙的评价要结合上述要素进行综合考虑。

七、玛瑙的鉴赏与投资

玛瑙属于中低档的玉石。在鉴赏和投资、收藏玛瑙时，首先要考虑水胆玛瑙。因其较为罕见，因此收藏和投资价值较高。

其次，颜色。红色和蓝色玛瑙最具收藏和投资价值。其次为绿色和褐色玛瑙等。

再次，纹带。质地细腻、纹带清晰的玛瑙收藏和投资价值较高。

在收藏颜色好的红色或蓝色玛瑙时，应注意这两种颜色可能是经过热处理和染色处理过的。热处理改善颜色，一般不易检测。染色处理的特点是染料沿裂隙分布，裂隙两侧染料的浓度较深。在进行收藏与投资上，必要时要通过权威的专业检测机构进行专门的检测，以防投资的失误和资金的损失。

特别值得一提的是，近年来，在我国内蒙古的阿拉善戈壁滩上，发现了葡萄状的玛瑙集合体和缠丝玛瑙

（图9.13和图9.14），葡萄玛瑙的颜色和形状酷似葡萄串。同时也发现了一块戈壁玛瑙，形状大小恰似一只鸡蛋，雏鸡正要破壳而出，神态活灵活现，故命名为"小鸡出壳"，价值连城（图9.15），估价近1.3亿元人民币。2004年，一块面似老妇人、名为"岁月"的戈壁玛瑙在北京展出（图9.16）。这块估价为9600万元的大漠奇石，高约13厘米、宽8厘米、厚8厘米，重量约1千克。

戈壁玛瑙已经成为观赏石市场上投资和收藏的主打品种之一。

图9.13　葡萄玛瑙

图9.15　玛瑙"小鸡出壳"

图9.14　缠丝玛瑙

图9.16　玛瑙"岁月"

第三节 印度翡翠——东陵石

一、东陵石简介

东陵石是具有砂金效应的石英岩。砂金效应是指宝石内部细小片状矿物包体铬云母等对光的反射所产生的闪烁现象。

东陵石在玉石分类中，属于石英岩类玉石大类。在地质学中称为铬云母石英岩。

因大部分质量好的东陵石来自印度，故又称为"印度玉"。特别是印度产的翠绿色东陵石，外观与翡翠形似，故又称为"印度翡翠"（图9.17）。

图9.17 东陵石手串

二、东陵石的基本性质

① 矿物（岩石）名称：石英岩，主要矿物为石英，可含有云母类矿物及赤铁矿、针铁矿等。

② 化学成分：SiO_2。

③ 常见颜色：各种颜色，常见绿色、灰色、黄色、褐色、橙红色、白色、蓝色等。

④ 光泽：玻璃光泽至油脂光泽。

⑤ 摩氏硬度：7。

⑥ 密度：2.64～2.71克/厘米^3。

⑦ 折射率：1.544～1.553，点测法常为1.54。

⑧ 紫外荧光：一般无；含铬云母石英岩时，紫外荧光从无至弱，灰绿或红色。

⑨ 放大检查：粒状结构，可含云

母或其他矿物包体。

⑩ 特殊光学性质：东陵石具砂金效应。

三、东陵石的分类

依据东陵石的矿物组成和颜色等，将东陵石分为以下三种类型：

1. 绿色东陵石

因含铬云母而呈翠绿色，即铬云母石英岩。

2. 蓝色东陵石

因含蓝线石而呈蓝色，即蓝线石石英岩。

3. 紫色东陵石

因含锂云母而呈紫到淡紫色，即锂云母石英岩。

四、东陵石的鉴定特征

1. 仪器鉴定特征

东陵石的鉴定特征指标主要包括：密度、折射率和查尔斯滤色镜。测定的密度和折射率应与东陵石基本性质中的数据相符。含铬云母石的绿色东陵石在查尔斯滤色镜下呈红色。这是仪器鉴别东陵石的主要指标之一。

2. 肉眼识别特征

东陵石的肉眼识别特征主要包括：

（1）砂金效应　含铬云母石的绿色东陵石和含锂云母的紫色东陵石，均能表现出明显的砂金效应。这是肉眼识别东陵石的最有效方法之一。

（2）光泽　东陵石通常具有玻璃光泽。

（3）质地和结构　东陵石的质地一般较粗，肉眼即可分辨出主要组成矿物石英的细小颗粒。石英颗粒棱角较为分明，颗粒间边界较为清晰。东陵石的质地和粒状结构也是肉眼识别东陵石的最有效方法之一。

（4）东陵石与翡翠的识别　东陵石具有与翡翠相似的绿色，因此，两者很容易混淆。

东陵石与翡翠的肉眼识别主要依据砂金效应和结构。

① 东陵石具有明显的砂金效应。而翡翠无此效应。这是肉眼识别两者的最大区别。

② 东陵石具有粒状结构（图9.18）。

图9.18　东陵石的粒状结构

东陵石与翡翠的最大区别是东陵石颗粒棱角较为分明，颗粒间边界较为清晰；而翡翠虽表现出斑状结构，但其主要组成矿物硬玉间的边界模糊，有的呈现出渐变或过渡的现象，无东陵石的明显粒状结构。东陵石无"翠性"特征，而翡翠则具有变斑晶结构和"翠性"。

五、东陵石的形成与产地

1. 形成

东陵石的形成是石英和铬云母等早期形成的矿物发生了变质作用的结果。其成因属于变质成因。

2. 产地

世界东陵石的主要产地有印度和巴西等国家。

六、东陵石的基本品质评价

东陵石的品质评价主要包括颜色和质地等。

1. 颜色

东陵石的颜色以绿色为最佳。其次为紫色和蓝色。同时,要求颜色应分布均匀,无杂色。

2. 质地

大多数东陵石因其组成矿物和结构,其质地较粗。优质东陵石的质地要求致密坚硬、细腻,呈半透明。

七、东陵石的鉴赏与投资

东陵石属于中低档的玉石,在鉴赏和投资、收藏时,首先要考虑质地。质地细腻、半透明、无裂隙和杂色色斑的东陵石收藏价值较高。

其次,颜色。绿色东陵石最具收藏和投资价值。其次为蓝色和紫色等。

再次,块度。东陵石一般块度较大。收藏时应尽量考虑块度较大的东陵石。

第四节 河南翠——密玉

一、密玉的历史与文化简介

密玉产于河南省新密市(旧称密县),因而称为密玉。密玉和东陵石一样,均属于石英岩玉大类,只不过两者的产地和内部包裹体不同。

密玉质地坚硬、细腻,色泽鲜艳、均匀。密玉通常具有红、白、青、黑、绿等五种颜色,其中绿色密玉,颜色翠绿,质地呈半透明至微透明,相似于翡翠,1958年被原国家轻工部命名为"河南翠"(图9.19)。

密玉具有悠久的开采和利用历史。据记载,早在三千多年前,就出现了工艺水平较高的密玉器物。

密玉主要用于制作摆件和首饰。其中,以摆件为主的玉雕工艺品久负盛名。密玉玉雕品品种众多,造型奇特,玉雕工艺精湛,设计风格迥异,既有人物、动物的雕件,雕品形象逼

图 9.19 密玉雕品

图 9.20 多色密玉

真,惟妙惟肖;又有自然景观,气势磅礴,非同凡响。特别是大型山子类玉雕作品,构思巧妙,雕工精湛,深受收藏者的喜爱。

2000年在上海展出了一大型密玉玉雕精品《游春图》。该玉雕作品高120厘米、宽70厘米、厚65厘米,重850千克。颜色呈绿色,体量巨大,质量上乘,实属罕见,堪称"密玉之王"。该作品雕刻细腻而且富有变化,或苍劲有力或圆润柔和,惟妙惟肖,展现了一幅生动的人间美景,堪称我国密玉玉雕史上绝妙的艺术珍品。

密玉颜色较为丰富(图9.20)。其中绿色密玉雕件,具有翡翠的颜色特征,因而价值最高,其玉雕艺术品深受国内外玉石收藏者和投资者的青睐。

二、密玉的基本性质

① 矿物(岩石)名称:石英岩,石英含量高达97%~99%;并含少量绢云母、锆石、电气石、金红石、磷灰石、燧石、泥质物等。

② 化学成分:SiO_2,并含有微量Na_2O和TiO_2。

③ 常见颜色:密玉色彩鲜艳,主要呈浅绿、翠绿、豆绿、肉红、黑、白等色。

④ 光泽:玻璃光泽至油脂光泽。

⑤ 摩氏硬度:7。

⑥ 密度:2.65克/厘米^3。

⑦ 折射率:1.544~1.553,点测法常为1.54。

⑧ 紫外荧光:一般无。

⑨ 放大检查:粒状结构,可含云母或其他矿物包体。

三、密玉的鉴定特征

1. 仪器鉴定特征

密玉的鉴定特征主要包括：密度和折射率。测定的密度和折射率应与密玉基本性质中的数据相符。

2. 肉眼识别特征

肉眼识别密玉最主要的依据是其结构，其次是质地和光泽。

（1）结构　密玉具有典型的粒状结构（图9.21）。借助10倍放大镜肉眼观察，可见组成密玉的石英颗粒之间紧密结合，边界清晰，晶形为不规则的粒状。

（2）质地　密玉的质地一般较坚硬、致密，一般呈不透明状。质量较好的密玉，透明度较高，呈现半透明。

（3）光泽　密玉具有玻璃光泽（图9.22）。

四、密玉的分类

依据密玉的颜色，可将密玉分为绿密玉、红密玉、白密玉、黑密玉等品种。其中以鲜艳的深绿、翠绿色的密玉为最好（图9.23）。

图9.21　密玉的粒状结构

图9.23　绿密玉

图9.22　密玉的玻璃光泽

五、密玉的基本品质评价

根据密玉的颜色、光泽、质地、块度大小和瑕疵等，将其原石分为三级，见表9.1。

表9.1　密玉的品质评价

等级	基本评价要素				
	颜色	光泽	质地	瑕疵	块度
一级	呈鲜艳的深绿、翠绿、白色	玻璃光泽	透明度高，质地致密、细腻、坚韧、光洁	无杂质、裂纹及其他任何缺陷	大于7千克
二级	呈鲜艳的绿色、豆绿、白色	玻璃光泽	半透明至微透明，质地致密、细腻、坚韧	无杂质、裂纹等缺陷	大于5千克
三级	呈浅绿、棕红、白色	玻璃光泽	微透明，质地致密、细腻、坚韧	略有杂质、裂纹等缺陷	大于5千克

六、密玉的鉴赏与投资

密玉属于中低档的玉石，在鉴赏和投资、收藏时，首先要考虑颜色。深绿至翠绿色密玉最具收藏和投资价值。

其次，质地。质地细腻、半透明的密玉收藏价值较高。

再次，瑕疵和块度。密玉一般块度较大。作为一种中低档的玉石品种，收藏时应尽量考虑无瑕疵或瑕疵较少、块度较大的密玉。

最后，图案石。对于颜色丰富的密玉而言，如果其上能够出现富有寓意的花纹图案、惟妙惟肖的人物或动物形象或变幻莫测的"中国水墨画"，则具有较高的收藏和投资价值。

值得一提的是，长期以来，收藏者和投资者均将重点放在了颜色均一的深绿色和翠绿色的密玉上，而不同程度地忽略了密玉中图案石的收藏价值。其实，近年来，对密玉图案石的收藏已经成为一个热点。由不同颜色组成的图案和花纹等，常使鉴赏者能够产生无穷的遐想，寓意于玉石中，使鉴赏、收藏和投资者乐在其中。

总之，深绿至翠绿色、质地细腻、半透明、无瑕疵、有一定体量的密玉收藏和投资价值较高。

第五节　极富灵气的虎睛石和鹰睛石

一、虎睛石和鹰睛石的概念

虎睛石和鹰睛石在玉石学的分类上，均属于木变石类。因两者在结构和纹理上与树木的纤维状结构十分相似而得名。

虎睛石和鹰睛石的矿物组成主要是石英。其原石是角闪石石棉。由后期的石英交代了原石中的角闪石，且保留原石的纤维状结构。因此，虎睛石和鹰睛石其本质属于一种硅化石棉（图9.24）。

图 9.24 虎睛石原石

虎睛石因其中的纤维呈现棕黄、棕至红棕色，酷似老虎的眼睛，故而得名。

鹰睛石因其中的纤维呈现灰蓝、暗灰蓝，酷似苍鹰的眼睛，故而得名。

二、虎睛石和鹰睛石的基本性质

① 矿物（岩石）名称：主要矿物为石英。

② 化学成分：SiO_2。

③ 常见颜色：虎睛石，棕黄、棕至红棕色；鹰眼石，灰蓝、暗灰蓝。

④ 光泽：抛光面呈蜡状光泽；断口呈玻璃至丝绢光泽。

⑤ 摩氏硬度：7。

⑥ 密度：2.64～2.71克/厘米^3。

⑦ 折射率：1.544～1.553，点测法1.53或1.54。

⑧ 放大检查：纤维状结构，虎睛石可具波状纤维结构，鹰眼石纤维清晰。

⑨ 特殊光学效应：猫眼效应。

三、虎睛石和鹰睛石的鉴定特征

1.仪器鉴定特征

虎睛石和鹰睛石的鉴定特征主要包括：密度、折射率和内部结构。测定的密度和折射率应与虎睛石、鹰睛石基本性质中的数据相符。虎睛石和鹰睛石具有非常明显特征的纤维状结构，形状酷似木质纤维。

2.肉眼识别特征

（1）内部结构　虎睛石和鹰睛石具有非常明显特征的纤维状结构，形状酷似木质纤维。这是肉眼识别虎睛石和鹰睛石的最有效方法之一。

（2）光泽　虎睛石和鹰睛石通常具有较强的丝绢光泽（图9.25和图9.26）。丝绢光泽也是肉眼识别虎睛石和鹰睛石的有效方法之一。

（3）颜色　虎睛石通常呈现典型的棕黄、棕至红棕色；鹰眼石通常呈现典型的灰蓝、暗灰蓝。

四、虎睛石和鹰睛石的形成与产地

1.形成

虎睛石和鹰睛石的形成属于变质

图 9.25 虎睛石的颜色和丝绢光泽

图 9.26 鹰睛石的颜色和丝绢光泽

成因。其形成是由蓝色或棕黄色纤维状石棉，经富含硅质的酸性热液交代，石棉中的铁和镁被析出，最终经交代变质形成 SiO_2 集合体。

2. 产地

世界上最大的木变石矿床位于南非德兰士瓦省。此外，澳大利亚、巴西等国也有产出。

我国虎睛石和鹰睛石最著名的产地是河南省内乡至淅川一带。此外，陕西商南、贵州罗甸以及湖北郧西等地也有产出。

五、虎睛石和鹰睛石的基本品质评价

木变石中的虎睛石和鹰睛石属中低档玉料，一般用于项链和玉雕材料。

虎睛石和鹰睛石的基本品质评价要素包括质地、颜色、块体大小、裂纹等（表9.2）。

表9.2 虎睛石和鹰睛石的基本品质评价要素

等级	基本评价要素	重量
一级	虎睛石呈黄色、红棕色，鹰睛石呈灰蓝色，色泽艳丽，有一定透明度，质地致密细腻，坚韧光滑，无杂质裂纹、空洞及其他缺陷	10千克以上
二级	色泽艳丽，微透明，质地致密细腻坚韧，有微量杂质，但无裂纹、空洞及其他缺陷	5千克以上
三级	色泽艳丽，微透明，质地致密坚韧，有杂质、裂纹等缺陷	2千克以上

六、虎睛石和鹰睛石的鉴赏与投资

虎睛石和鹰睛石属于中低档的玉石,在鉴赏和投资、收藏时,首先要考虑质地。质地细腻、半透明的虎睛石和鹰睛石收藏价值较高。

其次,颜色。黄色、棕黄色虎睛石和蓝色、蓝灰色的鹰睛石最具收藏和投资价值。

再次,块度。虎睛石和鹰睛石一般块度较大。收藏时应尽量考虑块度较大的虎睛石和鹰睛石。

总之,质地细腻、半透明、无裂隙和杂色色斑、有一定体量的虎睛石和鹰睛石收藏和投资价值较高。

第六节 色相如天的青金石

一、青金石的历史与文化简介

青金石(lapislazuli)是我国传统的玉石之一,由于它呈天蓝、深蓝等色调,又常含有闪光的金黄色斑点,故称为"青金石"。优质的青金石质地细腻,微透明至半透明,蔚蓝色,上面布满片状、粒状黄铁矿(图9.27),宛如秋夜的天幕,深旷而明净,闪烁着灿烂的繁星,使人心旷神怡。

图9.27 青金石中的片状、粒状黄铁矿

据《石雅》记载,青金石在古代称为"琳""琉璃""金星石"等。我国近代著名地质学家章鸿钊先生在《石雅》中写道:"青金石色相如天,或复金属屑散乱,光辉灿灿,若众星之丽于天也。"

青金石具有悠久的使用历史和文化。尤其是含金黄色黄铁矿的深蓝色青金石,似星光灿烂的夜空,倍受东方民族,尤其是阿拉伯民族的喜爱。

在我国古代,青金石因色相如天而备受古代帝王的器重,常随葬于古代皇帝的陵墓中,以象征"达升天之路"。宋史中记载:"于阗国贡金星石"。《格古要论》中有:"金星石出金坑,色青如豆靛,无金星不夹石者好,有金星褐色者不中,皆不甚值钱。"《拾遗记》记载:"始皇为土冢,以琉璃杂宝为龟鱼。"

清代，皇帝的饰物，皆借玉色来象征天、地、日、月，其中以天为上。据《清会典图考》记载："皇帝朝珠杂饰，唯天坛用青金石，地坛用琥珀，日坛用珊瑚，月坛用绿松石；皇帝朝带，其饰天坛用青金石，地坛用黄玉，日坛用珊瑚，月坛用白玉。"由于青金石"色相如天"，故不论朝珠或朝带，均受重用。青金石也用在官员的帽子上，用青金石制作的顶子是清代四品官员的官阶标志。

青金石在我国古代还常用作装饰工艺品和首饰。如在徐州东汉墓中出土的鎏金镶嵌兽形铜盒砚上，就镶嵌有珊瑚、绿松石和青金石，且制作精巧，色彩艳丽，金光闪闪。在河北赞皇东魏李希宗墓，出土有一枚镶青金石的金戒指，青金石呈蓝灰色，重11.75克。在宁夏固原北周李贤夫妇墓中，也出土有一枚镶青金石的金戒指，青金石戒面颜色也为蓝灰色，直径为0.8厘米。

由于青金石具有美丽的蓝色，我国古代先民还常把它用于彩绘的蓝色颜料，如敦煌莫高窟的自北朝到清代的壁画、彩塑上都用青金石研磨成粉末作颜料。

目前，我国青金石主要应用于首饰、工艺品等，尤其是在少数民族地区，青金石以其独特的蓝色深受人们喜爱（图9.28）。质量较好的青金石多用于做戒面、佛珠、耳环、手镯等饰品，也常用青金石雕制佛像、文具、鼻烟壶等工艺品。宝石级青金石常用于珠宝首饰和收藏品。

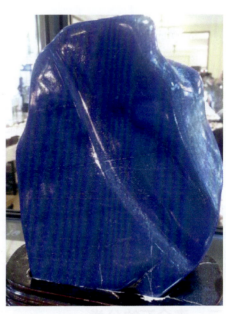

图9.28 青金石原石

青金石与绿松石一样，被认为是"成功之石"和"十二月的诞生石"。美丽的青金石为智利的国石，象征希望、坚强和庄重。

二、青金石的基本性质

① 矿物（岩石）名称：主要矿物为青金石、方钠石，次要矿物有方解石、黄铁矿和蓝方石，有时含透辉石、云母、角闪石等矿物。

② 化学成分：$(Na, Ca)_8(AlSiO_4)_6(SO_4, Cl, S)_2$。

③ 常见颜色：中至深微绿蓝色，至紫蓝色，常有铜黄色黄铁矿、白色

方解石、墨绿色透辉石、普通辉石的色斑。

④ 光泽：抛光面呈玻璃光泽至蜡状光泽。

⑤ 摩氏硬度：5～6。

⑥ 密度：（2.75±0.25）克/厘米^3。

⑦ 折射率：一般1.50；有时因含方解石，可达1.67。

⑧ 紫外荧光：长波，方解石包体可发粉红色荧光；短波，弱至中等绿色或黄绿色。

⑨ 放大检查：粒状结构，常含有方解石、黄铁矿等。

⑩ 特殊性质：查尔斯滤色镜下呈褚红色。

三、青金石的分类

（一）天然青金石

依据青金石的矿物组成、颜色、质地、块度等将天然青金石分为以下几种类型：

1. 青金

青金是青金石中质量最好的品种。呈现浓艳、均匀的深蓝色、天蓝色，光泽强，质地纯净、致密、细腻、坚韧、光洁，没有或极少有杂质、裂纹及其他缺陷，青金石含量大于95%（图9.29）。

青金一般不含或很少含有黄铁矿的金星。"青金不带金"就是这个道理。

图9.29　青金

2. 金克浪（又称金格浪）

与"青金"相比，金克浪中青金石矿物的含量明显减少，含有较多而密集的黄铁矿；杂质矿物明显含量增加，有白斑和白花，颜色的浓度明显降低，呈浅蓝色且分布不均匀（图9.30）。

图9.30　金克浪

3. 催生石

催生石中青金石矿物含量在30%以下，一般不含黄铁矿，可含有少量的方解石，因而白斑或白花较多。呈天蓝、翠蓝、浅蓝色等，而分布不均匀。光泽较强。质地致密、坚韧。

（二）人工仿制品

1. 瑞士青金

瑞士青金是一种人工着色的碧石赏品，为青金石的仿造品。

2. 着色青金

着色青金是一种利用钴盐进行人工改色的尖晶石块状集合体，也是青金石的代用品。其特点是透明度较高。

3. 料仿青金

料仿青金是指用玻璃仿造的假青金石，颜色比较纯正，但不如天然青金的色调丰富且其透明度较高。

4. 炝色青金

炝色青金是以岫玉为原料，将其人工炝上蓝色，以此冒仿青金石。炝色青金多为浅蓝色，质地细腻，透明度较高，但见不到黄铁矿的金星。

四、青金石的形成与产地

1. 形成

青金石矿床的成因类型为变质成因，矿床类型属于接触交代矽卡岩型。

2. 产地

世界上青金石最著名的产地是阿富汗、俄罗斯、塔吉克斯坦、智利、加拿大、中国等也有产出。

（1）阿富汗　阿富汗的青金石产于巴达赫尚省的青金石矿区。该矿区所产的青金石颜色主要呈深蓝色、天蓝色、浅蓝色和蓝绿色，质量上乘。

阿富汗是世界上优质青金石的主要产出国，其品质最高者颜色呈现浓蓝色或深蓝色，当地称为"尼伊利"。其次为天蓝和淡蓝色的青金石，称为"阿斯马尼"。再次为呈绿蓝色的青金石，称为"苏弗西"。

（2）俄罗斯　俄罗斯的青金石产于滨贝加尔南部地区。该地区所产的青金石呈艳蓝色，质量较好。

（3）塔吉克斯坦　塔吉克斯坦所产的青金石，颜色以艳蓝色、天蓝色和蓝色为主，可见到细脉状和散染状的黄铁矿分布。

（4）智利　智利产的青金石，主要组成矿物为青金石、方解石、黄铁矿等。颜色一般较浅，呈浅蓝色，少数为深蓝色。

（5）加拿大　加拿大产的青金石常与透辉石、金云母等矿物共生，颜色一般较浅，呈浅的天蓝色。

（6）中国　我国目前已知仅在新疆南部产有少量的青金石。我国市场上的青金石绝大多数来自阿富汗。

五、青金石的鉴定特征

1. 仪器鉴定特征

青金石的仪器鉴定特征主要包括：密度、折射率和内部结构等。测定的密度和折射率应与青金石基本性质中的数据相符合。青金石具有典型的"粒状结构"。该结构是鉴别青金石的重要依据之一。青金石的"粒状结构"是指其主要组成矿物青金石呈粒状集合体密集分布，且颗粒之间的界限分明，边界清晰。

2.肉眼识别特征

颜色是肉眼识别青金石的最关键要素，其次是透明度和光泽。

（1）颜色　大多数青金石均表现为不同色调的绿蓝色至紫蓝色。同时，由于含有方解石、黄铁矿等。因此，在蓝色基底上常有白斑或黄色金属光泽的斑点，呈不均匀分布。

（2）光泽和透明度　青金石光泽较强，一般为玻璃光泽。由于组成青金石的矿物颗粒一般均较粗，因此，青金石一般不透明。

（3）质地　借助于简易放大镜观察青金石时，常可见到青金石矿物颗粒的密集组合，这就是青金石"粒状结构"的表现。

六、青金石的基本品质评价

青金石品质评价要素主要包括颜色、品种、质地、块度、切工和瑕疵等。质量评价的首要因素是颜色和质地。

1.颜色

青金石的颜色以深蓝色、天蓝色为最好，蓝绿色次之。颜色纯正，且分布均匀，无杂色夹杂者为上品。

2.品种

青金石总体分为三大类。其中不含方解石和黄铁矿的青金，质量最好，价值最高。

3.质地

在通常情况下，青金石的质地越细腻、坚韧、致密、无杂质者，其价值越高。

4.块度

块度是指青金石的块体大小。在其他条件相同的情况下，块度越大，价值越高。

5.切工

切工也是评价青金石质量的重要因素。青金石通常被加工成弧面形的戒面，或雕刻成饰品等。青金石戒面的切割打磨弧度应与其大小比例协调，过厚或过于扁平都会影响其价值。对于青金石工艺品，应注意观察其线条是否流畅，弯转是否圆润，还要评价整件作品的比例是否适当，能否产生整体和谐的美感。

6.瑕疵

青金石中的瑕疵主要表现为细小的裂隙。青金石中的瑕疵越少，质量越好。

七、青金石的鉴赏与投资

1.颜色

在鉴赏和投资、收藏青金石时，首先应考虑青金石的颜色。青金石的颜色以深蓝色、天蓝色为最佳。投资价值也最高。而蓝绿色则次之。

2. 质地

质地细腻、致密、不含杂质和杂色的青金石，具有较高的收藏和投资价值。

3. 块度

由于青金石的产量较大，一般块度和体量较大。因此，在收藏和投资上，应尽量投资质量较高、块度和重量较大的青金石为佳。

4. 雕工

青金石通常体量较大，因此，对于青金石玉雕作品，玉雕的工艺和设计显得尤为重要。上乘的青金石雕件，应雕工细腻精湛，造型设计栩栩如生，设计图案等符合传统的中国文化中的吉祥、富裕、长寿等寓意，使人能产生感官的第一美感。

5. 图案

图案是对青金石中的金克浪品种而言的。金克浪由于其在蓝色基底上常有白色、黄色斑点，这些斑点如能构成美丽的花纹和富有寓意的图案，经打磨抛光后，花纹和图案会更加清晰、逼真。此类青金图案石鉴赏和收藏价值则较高。

对青金图案石，要求图案应在"形"和"神"方面，相似于自然界的人物、动物、山水、花鸟等，"形似"和"神似"兼备者，其收藏和投资价值较高。

第七节　典雅高贵的孔雀石

一、孔雀石的历史与文化简介

孔雀石在我国具有悠久的历史和文化。据宋代杜绾的《云林石谱》中记载，孔雀石古称"石绿"，又称"绿青""鳔青"或"铜绿"。在河南安阳殷墟墓曾出土有孔雀石、松石、玛瑙、水晶等饰品。云南楚雄的万家坝，曾出土有春秋战国时期的孔雀石工艺品。北京故宫博物院中藏有孔雀石的珍贵饰品。

孔雀石既是我国铜矿的主要资源，又可制作质量上乘的绿色颜料。我国古代"唐画，凡绿色多用孔雀石粉末画就，故存千年不变也"。意大利著名画家波提切利的名画《春》就采用了孔雀石的原料，时至今日，颜色依旧如初。

孔雀石象征着幸福、安康和吉祥，深受鉴赏者和收藏者的青睐。

孔雀石是马达加斯加和智利的国石。

孔雀石以其独特的光泽和稀有的资源而成为重要观赏石品种之一。孔雀石集合体可构成一座风景幽雅的石林，形态挺拔，造型美观（图9.31），使人浮想联翩。

图9.31　孔雀石集合体

二、孔雀石的基本性质

① 矿物（岩石）名称：孔雀石。

② 化学成分：$Cu_2(OH)_2CO_3$。

③ 常见颜色：鲜艳的微蓝绿至绿色，常有杂色条纹。

④ 光泽：丝绢光泽至玻璃光泽。

⑤ 摩氏硬度：3.5～4。

⑥ 密度：3.95（+0.15，-0.70）克/厘米^3。

⑦ 折射率：1.655～1.909。

⑧ 放大检查：条纹状、同心环状结构。

⑨ 结晶状态：晶质集合体，常呈纤维状集合体，皮壳状结构。

三、孔雀石的鉴定特征

1. 仪器鉴定特征

孔雀石的鉴定特征主要包括：密度和折射率。测定的密度和折射率应与孔雀石基本性质中的数据相符合。

2. 肉眼识别特征

孔雀石的肉眼识别特征主要包括光泽、颜色、表面特征和质地等。其中最具鉴别意义的是光泽、表面特征和颜色。

（1）光泽　孔雀石的原石具有典型的丝绢光泽（图9.32），而抛光后的孔雀石则呈现玻璃光泽（图9.33）。

（2）颜色　孔雀石的颜色通常为鲜艳的微蓝绿至绿色，常有杂色条纹。这是孔雀石的典型颜色特征。

（3）表面特征　经抛光后的孔雀石，其表面通常具有条纹状、同心环状图案（图9.34）。

图9.32　孔雀石原石的丝绢光泽

图 9.33 孔雀石的玻璃光泽

图 9.34 孔雀石的同心环状图案

（4）质地　孔雀石质地一般不透明。

四、孔雀石的形成与产地

1. 形成

宝石级孔雀石是含铜硫化物矿床氧化带内次生风化淋滤作用的产物，往往形成于铁帽或铁帽的下部。

2. 产地

我国孔雀石的主要产地包括广东阳春和湖北大冶。

（1）广东阳春　广东阳春产出的孔雀石，颜色常呈翠绿、墨绿、粉绿等，内部具绿色、天蓝色等不同色带所构成的同心层状、束状和放射状花纹，异常美丽。

未经抛光的天然孔雀石原石，常具丝绢光泽，集合体常构成葡萄状、钟乳状、丛林状等千姿百态的艺术造型，犹如画家笔下的国画，神韵绝妙、高雅。

据统计，阳春地区孔雀石的储量居全国之冠。在该地曾发现一块罕见的孔雀石特大集合体，重约15吨，这是目前已知孔雀石集合体之最。据报道，在阳春地区还发现有孔雀石猫眼。

（2）湖北大冶　湖北的孔雀石主要产在大冶铜绿山地区。大冶的孔雀石原石呈肾状、葡萄状、皮壳状、同心圆状集合体，外表呈由深浅不同的绿色至浅绿白色组成的条带、环带，十分美丽。内部常具同心层状或纤维放射状结构。

大冶的孔雀石大体有四个品种：块状孔雀石、青孔雀石、孔雀石猫眼和观赏孔雀石。块状孔雀石由致密的纤维状孔雀石微晶组成，结构细腻，具有迷人的丝绢光泽。青孔雀石由孔雀石与蓝铜矿或者孔雀石与硅孔雀石紧密结合而成，翠绿色与深蓝色或蓝绿色相互衬托、交相辉映，十分罕见。孔雀石猫眼由一组平行排列的纤维状孔雀石经特殊加工后形成，弧形表面出现一道亮线，恰如猫眼熠熠发光、闪烁明亮。观赏孔雀石为肾状、葡萄状等孔雀石集合体。大自然的鬼斧神工，造就了孔雀石的天然奇特造型。

五、孔雀石的基本品质评价

孔雀石的品质评价主要依据颜色、块度、裂纹、质地和特殊光学效应等。其中颜色、块度和质地是评价孔雀石的最主要因素。

1.颜色
孔雀石的颜色以均匀、不带杂色的绿色为最好。

2.块度
孔雀石的块度一般均较大。因此，品质上乘的孔雀石应具有一定的块度大小。一般而言，块度越大，价值越高。

3.裂纹
孔雀石中或多或少都具有微裂隙。质量上乘的孔雀石要求其中裂隙越少越好。

4.质地
一般而言，孔雀石的质地较为疏松。因此，结构致密、细腻，抛光后呈现较强玻璃光泽的孔雀石，其价值较高。

5.特殊光学效应
一般而言，具有猫眼效应的孔雀石其价值远高于没有猫眼效应的普通孔雀石。孔雀石猫眼较为罕见。

六、孔雀石的鉴赏与投资

在鉴赏和投资、收藏孔雀石时，首先要考虑颜色。孔雀石最好的颜色是翠绿色，而且绿色要鲜艳、饱满、均匀、纯正，不带其他杂色。

其次，具有猫眼效应的孔雀石猫眼，其投资价值远高于没有猫眼效应的孔雀石。

再次，质地致密坚硬、细腻，无裂隙的孔雀石，其投资价值较高。

最后，在满足上述三点后，块度越大，其收藏和投资价值越高，升值的潜力也就越高。

目前，质地致密、颜色均匀、具较强丝绢光泽的孔雀石原石，已成为观赏石市场上的宠儿，深受观赏石收藏与投资者的青睐。

第八节　桃花玉——蔷薇辉石玉

一、蔷薇辉石玉简介

蔷薇辉石玉发现于北京昌平地区，因其硬度与翡翠相似、颜色为桃红色而被称为"京粉翠""桃花玉"（图9.35），也称为"玫瑰石"。蔷薇辉石玉是由单晶体的蔷薇辉石组成的、品质达玉石级的致密集合体。

北京昌平地区的蔷薇辉石玉一般用于玉雕材料。其中，透明度高、质地细腻的品种常可琢磨成各种造型的饰品。

如今，随着我国赏石文化的发展，蔷薇辉石玉以其独特的桃红色和细腻的质地，以及其具有的美丽风景图案，在赏石市场上占有一席质地。成为收藏者和投资者新的赏石品种之一。

二、蔷薇辉石玉的基本性质

① 矿物（岩石）名称：主要矿物为蔷薇辉石和石英，及脉状、点状黑色氧化锰。

② 化学成分：蔷薇辉石(Mn, Fe, Mg, Ca)SiO_3；石英SiO_2。

③ 常见颜色：浅红色、粉红、紫红色、褐红色，常有黑色斑点或脉，有时杂有绿色或黄色色斑。

④ 光泽：玻璃光泽。

⑤ 摩氏硬度：5.5～6.5。

⑥ 密度：3.50（+0.26，–0.20）克/厘米^3。

⑦ 折射率：1.733～1.747（+0.010，–0.013），点测法常为1.73，因常含石英可低至1.54。

⑧ 放大检查：粒状结构，可见黑

图9.35　"桃花玉"

色脉状或点状氧化锰。

⑨ 特殊光学效应：猫眼效应。

三、蔷薇辉石玉的鉴定特征

1. 仪器鉴定特征

蔷薇辉石玉的鉴定特征主要包括：密度、折射率。测定的密度和折射率应与蔷薇辉石玉基本性质中的数据相符合。

2. 肉眼识别特征

（1）颜色　蔷薇辉石玉通常呈现典型的桃红色或粉红色。同时，在桃红色的基底上，常含有脉状、点状黑色的氧化锰（图9.36）。这种颜色特征是肉眼识别蔷薇辉石玉的最有效方法之一。

图9.36　典型的桃红色蔷薇辉石玉（其中黑色者为氧化锰）

（2）透明度　蔷薇辉石玉一般不透明。透明度是肉眼识别蔷薇辉石玉的辅助手段之一。

（3）光泽　蔷薇辉石玉一般呈现玻璃光泽。玻璃光泽也是肉眼识别蔷薇辉石玉的辅助手段之一。

（4）质地　可通过10倍放大镜观察到其粒状结构。

四、蔷薇辉石玉的形成与产地

1. 形成

蔷薇辉石玉的形成属于变质成因。蔷薇辉石玉的形成是由于富含锰的原岩经过接触变质作用而形成的。

2. 产地

我国蔷薇辉石玉的主要产地有北京昌平、陕西省商洛市商州区和台湾等地。

国外产地主要有澳大利亚、俄罗斯、印度、瑞典等国。

五、蔷薇辉石玉的基本品质评价

颜色是蔷薇辉石玉最主要的品质评价要素。其次为质地、块度和图案等。

1. 颜色

蔷薇辉石玉以其颜色通常划分为四种类型：红白花京粉翠、粉红色粉翠、紫红色粉翠、灰粉色粉翠。

其中，红白花京粉翠属于特级品。其颜色由粉红色和白色组成，粉红色犹如玫瑰花瓣，散落在乳白色半透明的基底上，非常美观，是我国北京特有的蔷薇辉石玉品种。粉红色和紫红色分别属于一级品和二级品。灰粉色粉翠属于三级品。

2. 质地

优质蔷薇辉石玉的质地要求：致密坚硬、无裂隙、无杂质和杂色。

3. 块度

在同等情况下，蔷薇辉石玉的价值随着块度的增加而增加。一般而言，蔷薇辉石玉的块度均较大。

4. 图案

蔷薇辉石玉由于其颜色和成分的差异，常构成美丽的花纹和富有寓意的图案。这种玉石经打磨抛光后，花纹和图案会更加清晰、逼真。

总之，对蔷薇辉石玉的评价应综合上述四种主要评价要素进行综合考虑。而对于蔷薇辉石玉中的图案石，颜色及其搭配是评价图案石质量的最主要因素。

六、蔷薇辉石玉的鉴赏与投资

蔷薇辉石玉属于一种低档的玉石。在鉴赏和投资、收藏时，首先要考虑颜色及其搭配：玫瑰红色和乳白色搭配的红白花京粉翠最具鉴赏价值。其次为粉红色和紫红色。

其次，质地。具收藏和投资价值的蔷薇辉石玉质地应致密坚硬、无裂隙、无杂质和杂色。

再次，块度。蔷薇辉石玉一般块度较大。收藏时应尽量考虑块度较大的蔷薇辉石玉。

最后，蔷薇辉石玉如能构成水墨画、人物以及自然景观等美丽的图案，使人产生无限的遐想，则其鉴赏价值更高（图9.37）。

图 9.37　蔷薇辉石玉图案石

总之，质地细腻、颜色鲜艳且搭配协调、无裂隙和杂色色斑、有一定块度的蔷薇辉石玉收藏和投资价值较高。

第九节　印加玫瑰——菱锰矿

一、菱锰矿简介

菱锰矿的英文名称为rhodochrosite。名称来源于希腊语"rhodon"和"chrosis"，分别指玫瑰（rose）和颜色（color），意为玫瑰红色。

菱锰矿是阿根廷的国石。菱锰矿之所以被誉为"印加玫瑰"，是由于产于阿根廷的菱锰矿，其颜色为典型的玫瑰红色，外观呈现独特的红白相间的花纹。由于其独特的颜色和外观，因而又称为"红纹石"。

菱锰矿以其玫瑰红色而为热恋中的情侣所喜爱。故被视为爱情和家庭幸福的幸运之石，象征热烈的爱情，素有"爱神之石"的美誉。

美国丹佛自然博物馆所收藏的一块17厘米×14厘米×7厘米的红色透明菱锰矿晶体，堪称"镇馆之宝"。

菱锰矿以其独特、纯正和浓郁的颜色，已经占据了世界各大矿物晶体展览会的重要位置，成为世界收藏投资者竞相追逐的品种之一。

二、菱锰矿的基本性质

① 矿物（岩石）名称：主要矿物为菱锰矿。

② 化学成分：$MnCO_3$；可含有Fe、Ca、Zn、Mg等元素。

③ 常见颜色：粉红色，通常在粉红底色上可有白色、灰色、褐色或黄色的条纹，透明晶体可呈深红色。

④ 光泽：玻璃光泽至亚玻璃光泽。

⑤ 摩氏硬度：3～5。

⑥ 密度：3.60（+0.10，−0.15）克/厘米^3。

⑦ 折射率：1.597～1.817（±0.003）。

⑧ 放大检查：条带状，层纹状构造。

三、菱锰矿的鉴定特征

1.仪器鉴定特征

菱锰矿的鉴定特征主要包括：密度、折射率等。测定的密度和折射率应与菱锰矿基本性质中的数据相符合。

2.肉眼识别特征

颜色是肉眼识别菱锰矿的最关键依据，其次是结构，最后是硬度、光泽和透明度。

（1）颜色　菱锰矿最常见的颜色是粉红色，通常在粉红底色上可有白色、灰色、褐色或黄色的锯齿状或波纹状分布。对于透明度高的菱锰矿单晶体而言，其颜色常为深红色。

（2）结构　肉眼可以很容易地观察到菱锰矿常具条带状、层纹状的构造（图9.38）。

图9.38　菱锰矿条带状、层纹状的构造

（3）硬度　菱锰矿属于碳酸盐类玉石，因此，其摩氏硬度较低，通常为3～5。使用小刀即可刻划。尽管硬度是识别菱锰矿的依据之一，但刻划具有破坏性，应慎重使用。

（4）光泽　菱锰矿呈现玻璃光泽，或亚玻璃光泽。

（5）透明度　菱锰矿一般呈现微透明至不透明。而菱锰矿单晶体，通常呈透明状（图9.39）。

图9.39　透明的菱锰矿单晶体

四、菱锰矿的形成与产地

1. 形成

菱锰矿的形成主要包括内生热液成因和外生沉积成因两大类型。其中外生沉积成因是菱锰矿形成的主要类型。

内生热液成因是指在地球内部高温和高压条件下，地球内部富含铜、铅和锌的热溶液在沿岩石裂隙运移过程中对周围的岩石进行淋滤和溶解，在适当的物理化学条件下，被溶解的矿物质沉淀而形成菱锰矿。

外生沉积成因是指在地壳表层的低温低压条件下，岩石发生风化作用而遭受分解，被分解的产物经水流冲刷、溶解和搬运，在地表的适当条件下发生沉积而形成菱锰矿。

2. 主要产地

我国菱锰矿的主要产地有贵州、湖南和辽宁瓦房店等地。其中以湖南产出的菱锰矿最为著名。

世界著名的产地包括美国、秘鲁、阿根廷和南非等。

五、菱锰矿的基本品质评价

菱锰矿的品质评价主要包括颜色、质地和块度等。其中颜色是评价菱锰矿的最主要因素。

1. 颜色

菱锰矿的粉红色是菱锰矿中最好的颜色。单晶体菱锰矿的最好颜色为深红色。一般而言,深红色和粉红色菱锰矿应无杂色,颜色应均匀,饱和度要高。呈现不同颜色的菱锰矿,如其丰富鲜艳的色带和纹理,能构成美丽、富有寓意的图案,则其品质大为提高。

2. 质地

优质菱锰矿的质地要求致密、细腻,呈微透明至半透明。质地越细腻、透明,且裂隙和杂质越少,菱锰矿的品质就越高。

3. 块度

菱锰矿的块度一般较大。对于优质菱锰矿而言,其块度越大,其价值也越高。特别是对于深红色的透明晶体而言,块度是其价值的直接影响因素。

六、菱锰矿的鉴赏与投资

在鉴赏和投资、收藏菱锰矿时,首先要考虑颜色及其搭配。在粉红色菱锰矿的底色上,如能构成变幻莫测、富有寓意的图案,使人爱不释手,玩味无穷,则其鉴赏和投资价值较高。

其次,质地。质地细腻、半透明的菱锰矿收藏价值较高。

再次,瑕疵和块度。菱锰矿一般块度较大。作为一种中低档的玉石品种,收藏时应尽量考虑无瑕疵或瑕疵较少、块度较大的菱锰矿。

总之,深红色、粉红色,质地细腻,透明至半透明,无瑕疵,有一定块度的菱锰矿收藏和投资价值较高。特别是粉红色的图案石,其鉴赏和投资价值很高。

近年来,特别是随着矿物晶体观赏石收藏和投资的兴起,深红色的透明菱锰矿单晶体的收藏和投资意向越来越高涨,晶形呈现完整菱面体的红色菱猛矿已经占据了矿物晶体收藏与投资的半壁江山,具有很高的收藏和投资价值。

第十节 南非国宝石——苏纪石

一、苏纪石简介

苏纪石俗称为舒俱来石,是市场上较为常见的玉石品种之一,被誉为"千禧之石"。

苏纪石最早发现于日本。之后,在南非也发现了宝石级的苏纪石。因此,又有"南非国宝石"的美誉。

苏纪石通常呈现特征的深蓝色、蓝紫色和浅紫色,有时呈现黄褐色、浅粉红色和黑色。宝石级的苏纪石一般呈不同色调的蓝色-蓝紫色,半透明,玻璃光泽,质地较细腻。

二、苏纪石的基本性质

① 矿物（岩石）名称：硅铁锂钠石。

② 化学成分：$KNa_2Li_2Fe_2Al(Si_{12}O_{30}) \cdot H_2O$。

③ 常见颜色：红紫色，蓝紫色，少见粉红色。

④ 光泽：蜡状光泽至玻璃光泽。

⑤ 摩氏硬度：5.5～6.5。

⑥ 密度：2.74（+0.05）克/厘米^3。

⑦ 折射率：1.61（点测法）。

⑧ 放大检查：粒状结构。

三、苏纪石的鉴定特征

1. 仪器鉴定特征

苏纪石的鉴定特征主要包括：密度、折射率等。测定的密度和折射率应与苏纪石基本性质中的数据相符合。

2. 肉眼识别特征

颜色是肉眼识别苏纪石的最关键依据。其次是结构，最后是光泽和透明度。

（1）颜色　苏纪石最常见的颜色是红紫色或蓝紫色（图9.40），通常在紫色的底色上可有白色、灰色、褐色或黄色的条纹分布（图9.41）。这种颜色特征是肉眼识别苏纪石的最主要特征之一。

图 9.40　蓝紫色苏纪石

图 9.41　带白色条纹的蓝紫色苏纪石

（2）结构　肉眼观察或借助10倍放大镜观察，可以观察到苏纪石常具粒状结构（图9.42），组成矿物的颗粒呈现不规则状，粒间之间边界较为清晰。这是识别苏纪石的有力证据之一。

（3）光泽　苏纪石通常呈现蜡状光泽至玻璃光泽。

图9.42 苏纪石的粒状结构

（4）透明度 苏纪石一般呈现微透明至不透明。

四、苏纪石的基本品质评价

苏纪石的品质评价主要包括颜色、质地和块度等。

1.颜色

苏纪石的颜色通常是红紫色和蓝紫色等。其中以纯正的深紫色为最佳，也即市场上所谓的皇家紫为最佳。

如果在紫色基底上含有白色、褐色等杂色，则其品质降低。因此，一般要求杂色应越少越好。

2.质地

优质苏纪石的质地要求致密、细腻，呈半透明至微透明。质地越细腻、透明，且裂隙和杂质越少，苏纪石的品质就越高。

3.块度

苏纪石的块度一般较大。对于优质苏纪石而言，其块度越大，其价值也越高。

五、苏纪石的鉴赏与投资

苏纪石属于中低档玉石之一。

在鉴赏和投资、收藏苏纪石时，首先要考虑颜色：红紫色和蓝紫色是苏纪石的典型颜色。其中以深紫色调的苏纪石投资和收藏价值最高。

其次，质地。质地细腻温润、透明度高、瑕疵少甚至无的苏纪石，具有较高的收藏投资价值。

再次，苏纪石颗粒越大，其收藏和投资价值越高，升值的潜力也就越高。一般而言，苏纪石的块度较大，在收藏时应尽量考虑有一定块度的苏纪石。

最后，在投资和收藏苏纪石时，同时应注意其中的裂隙、杂质和杂色要越少越好。

参考文献

[1] 李娅莉,薛秦芳,李立平,陈美华,尹作为. 宝玉石学教程[M]. 武汉:中国地质大学出版社,2006.

[2] 郭守国,施健. 宝玉石学教程[M]. 北京:科学出版社,1998.

[3] 范良明,杨永富. 浙江青田石及其颜色成因的初步研究[J]. 成都地质学院学报,1985,(2):35-47.

[4] 周征宇,廖宗庭. 玉之东西——当代玉典[M]. 武汉:中国地质大学出版社,2016.

[5] 郭贤才,张永杰. 陕西省观赏石资源的分类[J]. 陕西地质,2005,23(1):94-102.

[6] 冯建森. 珠宝首饰价格鉴定[M]. 上海:上海古籍出版社,2009.

[7] 邹天人,於晓晋. 中国天然宝石及矿床类型和主要产地[J]. 矿床地质,1996,(s1):1-8.

[8] 姚德贤. 中国宝石矿床类型[J]. 矿产与地质,1994,(6):445-451.

[9] 邱志力,秦社彩,龚盛玮. 我国与火山作用有关的宝玉石资源研究[J]. 地质评论,1999,45(s1):123-132.

[10] 杜广鹏,奚波,秦宏宇. 钻石及钻石分级[M]. 武汉:中国地质大学出版社,2012.

[11] 张培莉. 系统宝石学[M]. 北京:地质出版社,2006.

[12] 廖宗廷,支颖雪. 贵州罗甸玉研究[M]. 武汉:中国地质大学出版社,2017.

[13] 国家质量监督检验检疫总局. 珠宝玉石 名称:GB/T 16552—2017[S]. 北京:中国标准出版社,2017.

[14] 国家质量监督检验检疫总局. 珠宝玉石 鉴定:GB/T 16553—2017[S]. 北京:中国标准出版社,2017.

[15] 国家质量监督检验检疫总局. 独山玉 命名与分类:GB/T 31432—2015[S]. 北京:中国标准出版社,2015.

[16] 上海市职业培训指导中心. 有色宝石样品集萃. 上海,2005.

[17] 国家质量技术监督局职业技能鉴定指导中心. 珠宝首饰检验[M]. 北京:中国标准出版社,1999.

[18] 卢保奇. 四川石棉软玉猫眼和蛇纹石猫眼的宝石矿物学及其谱学研究[D]. 上海:上海大学,2005.

[19] 王德滋. 光性矿物学[M]. 上海:上海人民出版社,1975.

[20] 姜渊,李慧. 地方性特有矿产的利用与保护研究——以昌化鸡血石为例[J]. 国土资源科技管理,2012,29(4):47-52.